面向新工科的电工电子信息基础课程系列教材

教育部高等学校电工电子基础课程教学指导分委员会推荐教材

U0318275

测试技术 仿真与实践

李志宁 编著

清华大学出版社

北 京

内 容 简 介

本书主要用于辅助"测试技术"课程教学,内容分为两篇。第一篇为测试技术虚拟实验,包括测试技术基础、信号分析理论虚拟仿真实验和测试电路仿真分析案例,目的在于为验证信号分析理论和测试电路提供虚拟实验平台,解决相关内容抽象、传统教学手段效率低下的难题。第二篇为测试技术实体实验及工程案例,包括测试技术基础理论教学实验、虚拟仪器开发与车辆底盘系统测试案例,目的在于将理论与实践相结合,学以致用。全书共有 5 章,从第 2 章开始,每一节都有思考题。

本书主要读者对象为高等院校机械类、机电类、电气类等专业学生,也可供从事测试技术工作的科技人员使用。

图书在版编目(CIP)数据

测试技术仿真与实践/李志宁编著.—北京:清华大学出版社,2021.9
面向新工科的电工电子信息基础课程系列教材
ISBN 978-7-302-58110-9

Ⅰ. ①测… Ⅱ. ①李… Ⅲ. ①测试技术－系统仿真－高等学校－教材 Ⅳ. ①TB4

中国版本图书馆 CIP 数据核字(2021)第 084418 号

责任编辑:文　怡
封面设计:王昭红
责任校对:郝美丽
责任印制:朱雨萌

出版发行:清华大学出版社
　　　网　　　址:http://www.tup.com.cn,http://www.wqbook.com
　　　地　　　址:北京清华大学学研大厦 A 座　　　邮　编:100084
　　　社 总 机:010-62770175　　　邮　购:010-83470235
　　　投稿与读者服务:010-62776969,c-service@tup.tsinghua.edu.cn
　　　质量反馈:010-62772015,zhiliang@tup.tsinghua.edu.cn
　　　课件下载:http://www.tup.com.cn,010-83470236
印 装 者:天津鑫丰华印务有限公司
经　　　销:全国新华书店
开　　本:185mm×260mm　　　印　张:14.5　　　字　数:338 千字
版　　次:2021 年 10 月第 1 版　　　印　次:2021 年 10 月第 1 次印刷
印　　数:1～1500
定　　价:45.00 元

产品编号:089350-01

"测试技术"课程是高等院校机械类、机电类、电气类专业的必修课程。通过本课程的学习,学生可以全面系统地学习测试基础理论,掌握测试设备仪器相关操作技能,具备独立使用数据采集分析系统的能力,为今后从事设备状态检测、故障诊断、维修决策等工作夯实基础。

该课程理论性强,涉及知识面广,如高等数学、电工电子技术、微机原理、传感器技术等,公式推导、电路分析复杂,思维需要从时域向频域转换,应用过程较为抽象,教学难度大。

此外,该课程涉及知识和设备更新速度快,与工程实践密切相关,如果缺乏相关有效的实践教学,就难以全面深入地领悟该课程所涉及的基本原理,也无法理解相关基础知识与工程应用实践之间的关系。

编写本书的初衷,就是借助电子信息类课程广泛使用的仿真分析软件开展虚拟实验,解决测试技术课程教学中信号分析、测试电路相关内容抽象、教学效率低下的难题,然后通过实体实验和工程案例相结合,学以致用。

本书非常注重虚拟实验与实体实验相互配合,教学实验与科研设计相互转化,教学工作与未来工程实际相互结合,实践了"学以致用""知行合一"的理念。本书不仅对"测试技术"的教学改革实践具有积极的推动作用,而且对车辆测试领域的技术研究也具有一定的借鉴作用。因此,本书具有较好的教学实践指导作用,也具有一定的学术价值。

本书内容分为两篇,第一篇为测试技术虚拟实验,主要内容为测试技术基础、信号分析理论虚拟仿真实验、测试电路仿真分析案例;第二篇为测试技术实体实验及工程案例,主要内容为测试技术基础理论教学实验、虚拟仪器开发与车辆底盘系统测试案例。全书内容共5章。

第1章为测试技术基础,介绍了测试的基本概念,测试系统的组成及要求,阐述了教学中虚拟实验与实体实验的作用及其相互关系。

第2章为信号分析理论虚拟实验,利用数值仿真软件MATLAB验证信号分析教学中的重要结论,帮助学生快速掌握信号的时域、频域分析方法。

第3章为测试系统电路仿真分析案例,主要利用Multisim软件对电桥电路、放大电路电路、滤波器电路、计算机测试系统接口电路的工作过程开展仿真分析,帮助学生深入理解相关电路的工作原理。

第4章为测试技术基础理论教学实验,主要包括信号时域、频域参数测量,传感器特性静态、动态标定方法,常用传感器的使用等内容,使学生掌握相关基本技能。

前言

第 5 章为虚拟仪器开发与车辆底盘系统测试案例,主要包括虚拟仪器及其构建,发动机动态信号采集和底盘系统总线信息采集案例,使学生了解知识的应用方式和方法。

本书主要对象为高等院校机械类、机电类、电气类等专业学生,也可供从事测试技术工作的科技人员使用。在教学中,如果课时不足,可优先选择本书第 2、4 章部分内容开展教学。

本书由陆军工程大学石家庄校区李志宁编著。由于编者水平有限,书中难免存在一些不足,希望各位专家、同行不吝赐教。编者衷心希望抛砖引玉,能调动起读者学习测试技术相关理论与知识的兴趣,由此能更深入地学习和思考相关理论和技术问题。

本书配套的 PPT 课件、仿真电路、案例代码可扫描下方的二维码下载。本书还配有部分微课视频,可扫描书中二维码观看。希望对大家的学习和工作起到一定的借鉴作用。

编 者

2021 年 8 月

PPT 课件＋仿真电路＋案例代码

目录

第一篇　测试技术虚拟实验

目录

目录

目录

第二篇　测试技术实体实验及工程案例

目录

目录

第一篇

测试技术虚拟实验

第

1 章

测试技术基础

测试技术属于信息科学的范畴,与计算机技术、自动控制技术、通信技术共同构成了完整的信息技术学科,主要研究各种物理量的测量原理、测量方法、测试系统、测量信号的分析处理方法。测试技术是进行各种科学实验研究和生产过程参数检测等必不可少的手段,它起着类似人的感觉器官的作用。通过测试可以揭示事物的内在联系和发展规律,从而利用和改造它,推动科学技术的发展。科学技术的发展历史表明,许多新的发现和突破都是以测试为基础的。同时,其他领域科学技术的发展和进步又为测试提供了新的方法和装备,促进了测试技术的发展。

1.1 相关基本概念

测量、计量和测试是三个密切相关的技术术语。测量是以确定被测对象的量值为目的的全部操作。计量是为了保证量值统一和准确一致的一种测量。测试则是具有实验性质的测量,或者可以理解为测量和实验的综合。由于测试和测量密切相关,在实际使用中往往并不严格区分测试与测量。一个完整的测试过程必定涉及被测对象、计量单位、测试方法和测量误差。

测量:用特定的量具、仪器或仪表测定各种物理量的工作。测量是一种比较过程,即用标准量与被测量进行比较,得出被测量是标准量的多少倍作为测量结果。它可用下式表示:

$$y = mx, \quad m = \frac{y}{x}$$

式中,x——被测量值;y——标准量;m——比值(纯数),含有测量误差。

计量:如果测量的目的是实现测量单位统一和量值准确传递,则称这种测量为计量。研究测量、保证测量统一和准确的科学称为计量学。具体来讲,计量的内容包括计量理论、计量技术与计量管理,这些内容主要体现在计量单位、计量基准(标准)、量值传递和计量管理等方面。计量工作主要是把未知量与经过准确确定、并经国家计量部门认可的基准或标准相比较来加以测定,也就是通过建立基准、标准,进行量值的传递。

计量有三个特征:统一性、准确性和法制性。为使测量结果具有普遍的科学意义,用作比较的标准必须是精确已知,且得到国际国内公认的。目前,国际上制定了 7 个基本标准单位,按照 2018 年国际计量大会最新的定义分别为:

(1)时间单位(秒)

1 秒定义为"铯-133 原子的基态的两个超精细能级间跃迁时所产生辐射的周期的9192631770 倍的持续时间",符号为 s。

(2)长度单位(米)

1 米定义为"光在真空中行进 1/299792458 秒的距离",符号为 m。

(3)质量单位(千克)

1 千克定义为"1.4755214×10^{40} 个具有铯-133 原子共振频率的光子所具有的能量",符号为 kg。

（4）电流强度单位（安培）

1 安培定义为"1 秒内（1/1.602176634）$\times 10^{19}$ 个基本电荷移动所产生的电流"，符号为 A。

（5）热力学温度单位（开尔文）

1 开尔文定义为"热能变化 1.380649×10^{-23} J 时对应的热力学温度变化"，符号为 K。

（6）发光强度单位（坎德拉）

1 坎德拉定义为"当频率为 540×10^{12} Hz 的单色辐射的光视效能 K_{cd} 以单位 lmW^{-1}（即 $cd\ sr\ W^{-1}$ 或 $cd\ sr\ kg^{-1}m^{-2}s^3$）表示时，取固定数值为 683"，符号为 cd。

（7）物质的量的单位（摩尔）

1 摩尔定义为"精确包含 $6.02214076 \times 10^{23}$ 个原子或分子等基本单元的系统的物质的量"，符号为 mol。

除了上述 7 个基本单位之外，还有多个导出单位。

测试：具有实验研究性质的测量，即测量和试验的综合。测试的手段是仪器仪表。测试的基本任务就是获取有用的信息，即通过借助专门的仪器、设备，设计合理的实验方法以及进行必要的信号分析与数据处理，从而获得与被测对象有关的信息，最后将结果提供显示或输入其他信息处理装置、控制系统。

1.2 测试技术功用

事实上，人类的日常生活、生产活动和科学实验都离不开测试技术。那么，测试技术有哪些主要功用呢？从本质上说，测试的功用是人类感觉器官（眼、耳、鼻、舌、身）所产生的视觉、听觉、嗅觉、味觉、触觉的延伸和替代。让我们先看几个例子，然后归纳测试技术的功用。

例 1：在日常生活中，许多设备都带有测试装置，如手机中照相机具有测量光亮度和物体距离的装置，能够自动调整曝光度和对焦。汽车驾驶员想要安全驾驶车辆，必须知道的信息包括：行驶参数，如高程、速度、航向等；发动机参数，如温度、机油压力、转速等。在车辆刚发明时，上述参数还能靠驾驶员的感觉来测定，而现代车辆必须通过相应传感器的测量来获得上述各种参数。现在一部汽车至少装有 50～60 个传感器，除了测量行驶参数和发动机参数，还用于检测油量、节气门开度以及安全带是否系好等。

例 2：在汽车研制中，车身、各部件设计完成后，首先要开展模态试验，通过对所布测点振动响应的测试，验证其力学性能并优化结构设计。样车研制完成后，需要进行整车的动力性试验，包括道路试验和室内台架试验两种。道路试验项目有最高车速加速时间、最大爬坡度、滚动阻力等。室内台架试验主要在底盘测功机上进行，包括输出功率、传动系传动效率、车轮滚动阻力、汽车空气阻力系数等。譬如为了净化汽车内部噪声环境，需要测试车内和车外的噪声等级。根据国家标准，在车辆处于静止状态，发动机处于额定转速时，汽车驾驶员耳旁噪声应不大于 90dB。在汽车自动化生产线上也遍布各种测试装置，可对工艺工程参数自动采集，监测生产过程，辅助焊接、总装、调试等工序。

例 3：从 20 世纪初到现在，诺贝尔奖颁发给仪器发明、发展相关的实验项目多达 27

项。在 2016 年人类首次探测到引力波的事件中,为了能探测到引力波,美国建造了专用于探测引力波的激光干涉引力波天文台(LIGO)。LIGO 建造有三台探测器,采用了多种尖端科技,其防振系统能够抑制各种振动噪声,其真空系统是全世界最大与最纯的系统之一,其光学器件具备前所未有的精确度,能够测量比质子尺寸还小 1000 倍的位移,其计算机系统能以极高的速度和超强的功能处理海量的实验数据。

例 4:在航空、航天、军事高科技领域,测试技术更为关键。在研制 C919 大飞机过程中,我国研究人员先后解决了航空总线数据采集、处理技术,航空数字视频总线采集技术及航空总线数据分析技术等关键测试技术难题,才保证了各项飞行试验的顺利进行。早在 2003 年,我国中长期科学技术发展规划就指出,航天运载火箭的试制费近一半将用于仪器仪表。在现代战争中,仪器仪表的测量控制精度决定了武器系统的打击精度,其测试速度、诊断能力决定了武器系统的反应能力。

归纳起来,测试技术主要有以下 6 方面的功用:

(1)在日常生活的各型电气设备中,不同种类的传感器延伸了我们的感官,能测量各种外界物理量,为设备的自动响应和控制的实现提供基础。

(2)在设备设计和改造中,通过对新旧产品的模型试验或现场实测设备,获取零件的载荷、应力、工艺参数和电机参数,为设备强度校验和承载能力的提高提供依据,为产品质量和性能提供客观评价,为优化技术参数和提高效率提供基础数据。

(3)在工业自动化生产中,通过对工艺参数的测试和数据采集,实现对设备的状态监测、质量控制和故障诊断。

(4)在工作和生活环境的净化及监测中,经常需要测量振动和噪声的强度及频谱,经过分析找出振源,并采取相应的减振、防噪措施,改善劳动条件和工作环境,保证人员的身心健康。

(5)科学规律的发现和新的规律、公式的诞生都离不开测试技术。从实验中可以发现规律,验证理论研究结果,实验和理论可以相互促进,共同发展。

(6)在国防和航空航天高科技领域,测试技术水平直接影响武器系统的打击精度和反应能力、飞行器各种飞行参数的采集处理方式、航天器的航行轨迹校正和燃料控制精度等。

1.3 主要研究内容

测试技术的研究内容主要包括与被测量有关的测量原理、测量方法、测试系统和数据处理 4 方面。

1.3.1 测量原理

测量原理是指采用什么样的原理(依据什么效应)去测量(感受)被测(物理)量,实质上就是传感器的敏感原理。不同性质的被测量用不同的原理去测量,同一性质的被测量也可用不同的原理去测量。例如,压力和温度性质不同,依据的测量原理就有所不同,压-敏效应、温-敏效应就不一样。同样是测量压力,可以分别应用弹性敏感元件的压力-位移特性、压力-集中力特性、压力-谐振频率特性等不同原理来测量。

由于被测量的种类繁多、性质千差万别,因此,测量原理非常广泛,主要分为以下几类:

1. 物理原理

检测仪器(或设备)按一定的物理规律或效应对被测量进行检测,如按电阻、电容、电感等变化规律进行检测,按电磁感应原理、电磁力定律、涡流原理等进行检测。

2. 化学原理

检测仪器(或设备)按一定的化学规律或效应对被测量进行检测,如化学反应原理、摩尔原理等。

3. 光学原理

检测仪器(或设备)按一定的光学规律或效应对被测量进行检测,如光电效应等。

4. 生物原理

检测仪器(或设备)按一定的生物规律对被测量进行检测,如生物免疫原理、酶的催化反应原理等。

随着科学技术的进步和发展,可以应用的新原理也会日益增多,要求的知识面也非常广,主要涉及物理学、化学、电子学、热学、流体力学、光学、声学、生物学、材料学等,除了要确定和选择好传感原理外,还需要对被测量的物理化学特性、测量范围、性能要求和外界环境条件有充分了解和全面分析。所以,从事测试技术工作,不仅知识面要广,而且应具有较扎实的基础知识和专业知识。

1.3.2 测量方法

测量方法是指在实施测量中所涉及的理论运算方法和实际操作方法。测量方法可按多种原则分类:

(1) 按是否直接测定被测量的原则可分为直接测量法和间接测量法。

直接测量:指被测量直接与标准量进行比较,或者用预先标定好的测量仪器或测量设备进行测量,不需要对所获取数值进行运算而直接得到被测量值大小的测量方法。例如,用直尺测量长度,用水银温度计测量温度,用万用表测量电压、电流、电阻值等。直接测量的优点是测量过程简单、快速,缺点是测量精度一般不是很高。

间接测量:指被测量的数值不能直接由测量设备获得,而是通过直接测量其他物理量,而后根据一定的函数关系计算出被测物理量大小的测量方法。例如,弹丸飞行速度的测量,通常是测量弹丸飞过某段距离 S 的时间 t,利用公式 $\bar{V}=S/t$ 计算出弹丸飞过某段距离 S 时平均速度的大小 $\bar{V}$。

显然,间接测量比较复杂,花费时间较长,一般用在直接测量不方便,或者缺乏直接测量手段的场合,但其测量精度一般要比直接测量高。

(2) 按测量时是否与被测对象接触的原则可分为接触式测量和非接触式测量。

接触式测量往往比较简单,比如测量振动时常用带磁铁座的加速度计直接放在所测位置进行测量。而非接触测量可以避免传感器对被测对象的机械作用及对其特性的影响,也可避免传感器受到磨损,例如同样是测量振动,可采用非接触式的电涡流传感器测量振动位移,由于没有接触,传感器对试件的特性不产生影响。

(3) 按被测量是否随时间变化的原则可分为静态测量和动态测量。

被测量的值在测量期间是固定不变的,或其变化甚微,可以忽略不计,这种测量称为静态测量。

被测量的值在测量期间是随时间而变化的,这种测量称为动态测量。

(4) 按测量手段不同可分为机械法、光学法和电测法。

机械法测量是指使用机械式量仪、量规、量表等进行的测量。例如用卡尺、千分表等测量工件的尺寸等。机械法测量装置结构简单、成本低,易于掌握使用,但这种方法动态响应特性太差,一般只能用于静态测量。

光学法测量是指使用光学仪器设备进行的测量。例如高速摄影、高速摄像、激光测量、光电成像等。光学装置结构较复杂、成本较高,但由于其可实现非接触测量,且其动态响应特性好,在现代很多领域的测试中应用越来越多。

电测法测量是将被测物理量转换成电学参量,而后借助于电学测量方法进行的测量。

另外,根据测试系统是否向被测对象施加能量可分为主动式测量与被动式测量等。

1.3.3 测试系统

在确定被测量的测量原理和测量方法后,就要设计或选用装置组成测试系统。通常,按照测量方法,测试系统可分为机械测试系统、光测系统和电测系统。机械测试系统动态响应特性差,光测系统往往结构复杂、成本高。相比较来说,电测系统有如下优点:电量便于测量、记录;电量容易利用电路放大、衰减;便于以有线或无线方式远距离传输;可以测动态、瞬态信号;易于使用后端的多种信号分析处理仪器,便于和计算机相连进行自动处理、反馈控制。

由于电测法具有以上优点,因此电测法成为现代测试中最基本和应用最广泛的测量方法。随着测试网络和远程化的发展,电测技术必定会获得更大的发展。另外,在现代测试技术中,机械法、光学法不断与电测法融合,形成各种先进的测量系统。因此,电测法又是其他各种现代测量技术的重要基础,除特别说明外,本书只研究电测系统。

典型电测系统由试验装置、被测对象、传感器、适调器、信号分析仪、显示记录仪、标定设备组成,如图 1-1 所示。

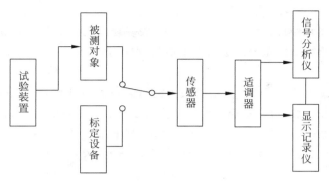

图 1-1　电测系统典型组成结构

（1）被测对象：测试研究的对象。它可能是某一实际设备中的系统，也可能是某一部件或零件。

（2）试验装置：使被测对象处于预期状态的专门装置。它可以使被测对象充分地暴露其有关方面的客观规律，产生被测信号，以便能有效地进行测量。

（3）标定设备：用来向传感器输入一系列的标准被测量，通过考察测量装置相应输出信号的大小，从而求出测量装置输出信号与实际输入被测量大小的相应换算关系的装置。在测量过程中，通过标定就可以得到用实际被测物理量单位表征的测量结果。

（4）测量装置：将被测物理量变换成便于观察者直接感觉的物理量的仪器、设备的总称。因此，电测式测量装置相当于"传感器 + 适调器 + 分析、记录仪"。

传感器：将被测物理量变换成电量的装置。传感器可以帮助人类去测量那些感官无法检测的东西，例如温度、速度、振动等。

适调器：也称中间变换器，其任务是将传感器输出的电学量信号进行转换、放大、滤波、调制、解调等处理，使之成为适合分析仪器或记录仪器所需要的电压（或电流）信号。例如，直流电桥电路、差动放大电路、滤波电路等。

分析仪器：对信号进行各种运算，如求均值、方差、频谱等。例如，计算机、信号分析仪。

显示记录设备：将适调器电路输出的信号显示或记录下来，以便分析研究。例如，计算机、存储示波器、电子示波器、磁带记录仪等。

上述测试系统组成是比较典型的配套。在实际测试工作中，根据测试任务要求及测试方法不同，其测试系统的组成也不尽相同，经常有增有减，有时可能几个部分合并在同一台仪器中。

根据测试任务不同，对测试系统的要求也不一样，但在设计、综合和配置测试系统时应考虑以下要求：

（1）性能稳定。即系统的各个环节具有时间稳定性。

（2）精度符合要求。精度主要取决于传感器、信号调节采集器等模拟变换部件。

（3）有足够的动态响应。现代测试中，高频信号成分迅速增加，要求系统必须具有足够的动态响应能力。

（4）具有实时和事后数据处理能力。能在试验过程中处理数据，便于现场实时观察分析，及时判断试验对象的状态和性能。实时数据处理的目的是确保试验安全、加速试验进程和缩短试验周期。系统还必须有事后处理能力，待试验结束后能对全部数据做完整、详尽的分析。

（5）具有开放性和兼容性。主要表现为测试设备的标准化，计算机和操作系统具有良好的开放性和兼容性，可以根据需要扩展系统硬件和软件，便于使用和维护。

今后的测试系统将采用标准化的模块设计，大量采用现场总线技术，并用多路复用技术同时传输测试数据、图像信息和语音，向着多功能、大信息量、高度综合化和自动化的方向发展。

1.3.4　数据处理

有了测试系统，就可以实施实际的测试，但测试中得到的数据必须经过科学的处理，才能得到正确可信的测试结果，实现对被测参数真值的最佳估计。

通过测试系统获得的信号是信息的载体，携带着有关被研究物理过程的信息。信号分析通常指分析信号的类别、构成以及特征参数；信号处理指对信号进行滤波变换、调制/解调、识别、估值等加工处理，以便削弱信号中多余无用分量并增强信号中有用分量，或将信号变换成某种更为希望的形式，提取需要的特征值，以便比较全面、准确地获取有用信息。

信号分为确定性与随机性两大类。确定性信号分析的理论基础是傅里叶变换，主要工作内容是对模拟信号及数字信号进行分析处理。对模拟信号进行分析处理所采用的设备可以是机械的、光学的、电子的或混合式的，如模拟滤波器、模拟频谱分析仪、模拟相关分析仪等。若信号是数字信号，则可以直接通过计算机进行分析处理；若被处理的是模拟信号，可以先通过模/数转换器转换成数字信号，再由计算机进行处理，这种方法是当前信号处理技术的主流。

随机性信号的分析理论基础是概率论、数理统计和傅里叶变换。通常采用统计平均方法，确定出有关的统计特征参数与函数，包括：

（1）幅值域：方差、均方值、概率密度函数、联合概率密度函数。

（2）时间域：自相关函数、互相关函数等。

（3）频率域：自（功率）谱密度函数、互（功率）谱密度函数、相干函数等。

以上参数都可由计算机实时显示或事后取得。

1.4　测试技术的发展

测试技术与科学研究、工程实践密切相关。测试技术的发展可促进科学技术的提高，科学技术的提高反过来又促进测试技术的发展，两者相辅相成推动社会生产力不断前进。近年来随着科学技术的飞速发展，促使测试技术的发展也非常迅速，其发展主要表现在以下几方面。

1.4.1 传感器的发展

如前所述,传感器是测试系统中必不可少的一个重要环节,因而可认为它是生产自动化、科学测试、计量核算、监测诊断等系统中的一个基础环节。由于它的重要性,美、日、英、法、德等国都把传感器技术列为国家重点开发的关键技术之一。美国空军 2000 年列出 15 项有助于提高 21 世纪空军能力的关键技术,传感器技术名列第二。日本更是将其列为国家重点发展的六大核心技术之一。当今传感器开发中,以下 5 方面的发展引人注目。

1. 物性型传感器大量涌现

物性型传感器是依靠敏感材料本身的物性随被测量的变化来实现信号的变换的,因此这类传感器的开发实质上是新材料的开发。目前发展最迅速的新材料是半导体、陶瓷、光导纤维、磁性材料,以及所谓的"智能材料",如形状记忆合金、具有自增殖功能的生物体材料等。这些材料的开发,不仅使可测量的量增多,使力、热、光、磁、湿度、气体、离子等方面的一些参量的测量成为现实,而且使集成化、小型化和多功能传感器的出现成为可能。此外,当前控制材料性能的技术已取得长足的进步,这种技术一旦实现,将会完全改变原有敏感元件设计的概念,即从根据材料特性来设计敏感元件,转变成按照传感要求来合成所需的材料。总之,传感器正经历着以机构型为主向以物性型为主的转变过程。

2. 集成、智能化传感器的开发

随着微电子学、微细加工技术和集成化工艺等方面的发展,出现了多种集成化传感器。这类传感器,或是同一功能的多个敏感元件排列成线、面的阵列型传感器;或是多种不同功能的敏感元件集成一体,成为可同时进行多种参量测试显示的传感器;或是传感器与放大、运算、温度补偿等电路集成一体,使传感器具有部分智能,成为智能化传感器。

3. 大量程传感器的研制

在军事领域,特别是火炮膛压测试技术中,对常规火炮膛压小于 600MPa 的测量,采用铜柱(铜球)测压器或应变、压电传感器均可满足要求。在高膛压火炮的研究中,膛压可达 800~1000MPa,甚至 1000MPa 以上,并伴随着 $9.8 \times 10^5 \mathrm{m/s^2}$ 的高冲击加速度,这就促使膛压测试技术要相应地发展,研制测压范围更宽、频带更宽的压力传感器以及配套的压力动态标定装置。随着军事技术的快速发展,许多被测参量都可能超出现有传感器的动态测量范围。为此,研制大量程、宽频带的传感器将是重要的发展方向。

4. 向高过载能力方向发展

在航空航天领域,飞行体飞行过程中动态参数的测试具有高过载的工作环境,有些是发射高过载,有些是终点高过载。这就要求传感器(测试系统)应能承受较大的冲击加速度而不损坏,即有较高的过载能力。

5. 向无线化、网络化方向的发展

利用无线通信技术、嵌入式技术、低功耗技术、SOC技术、自组网技术等实现传感器输出信号数字化、体积微型化、传输无线化和网络化。

1.4.2　计算机测试技术的发展

传统的测试系统是由传感器或某些仪表获得信号,再由专门的测量仪器对信号进行分析处理而获得有用和有限的信息。随着计算机技术的发展,测试系统中越来越多地融入了计算机技术,形成了以计算机为中心的自动测试系统。这种系统既能实现对信号的检测,又能对所获得的信号进行分析处理以求得有用信息,因而称其为计算机测试技术。计算机测试技术的发展主要体现在测试系统硬件的发展以及专门用于开发实验仪器系统或所谓"虚拟仪器"的软件环境的发展。

1. 计算机测试系统硬件的发展

图1-2是计算机测试系统的基本形式。它能完成对多点、多种随时间变化参量的快速、实时测量,并能滤除噪声干扰,进行数据处理、信号分析、显示记录,由测得的信号求出与研究对象有关的信息或给出其状态的判别。计算机是整个测试系统的神经中枢,它使整个测试系统成为一个智能化的有机整体,在软件导引下按预定的程序自动进行信号的采集与存储,自动进行数据的运算分析与处理,指令其以适当形式输出、显示或记录测量结果。为了实现计算机测量,数据采集卡是必需的环节,它用来将模拟信号量转换为数字量,完成量程自动切换、多通道信号采样,从而实现将时间连续信号变为离散的时间序列。计算机与数据采集卡之间通常用测试总线进行连接,完成数据交互与控制。

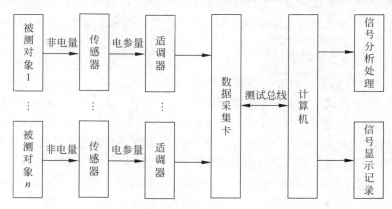

图1-2　计算机测试系统的基本结构

测试系统的结构形式可分为专用接口型和标准通用接口型。专用接口型是将一些具有一定功能的模块相互连接而成。由于各模块千差万别,因此组成系统时相互间接口十分麻烦,而且模块是系统不可分割的一部分,不能单独使用,缺乏灵活性。近年,随着计算机技术和仪器控制技术的发展,特别是仪器和计算机及其他控制设备之间连接的规范化,形成了标准通用接口,标准通用接口型测试系统也是由模块(如台式仪器或插件板)组合而成的,所有模块的对外接口都按规定标准设计。组成系统时,若模块是台式仪器,则用标准的无源电缆将各模块接插连接起来就构成系统。若模块为插件板,则只要将各插件板接入标准机箱即可,组成这类系统非常方便,例如 GPIB 系统、VXI 系统、PXI系统就属于这类系统。

2. "虚拟仪器"软件环境的发展

近年,微电子技术与计算机技术的飞速发展、测试技术与计算机深层次的结合,正引起测量仪器领域里一场新的革命,一种全新的仪器结构概念导致了新一代仪器——虚拟仪器的出现。

一般来说,将数据采集卡插入计算机空槽中,利用软件在屏幕上生成某种仪器的虚拟面板,在软件导引下进行采集、运算、分析和处理,实现仪器功能并完成测试的全过程,就是虚拟仪器。即由数据采集卡与计算机组成仪器通用硬件平台,在此平台基础上调用测试软件完成某种功能的测试任务,便构成该种功能的测量仪器,成为具有虚拟面板的虚拟仪器。在同一平台上,调用不同的测试软件就可构成不同功能的虚拟仪器。故可方便地将多种测试功能集于一体,实现多功能仪器。如对采集的数据通过测试软件进行标定和数据点的显示就构成一台数字存储示波器;若对采集的数据利用软件进行 FFT 变换,则构成一台频谱分析仪。

在虚拟仪器测试平台上,调用不同的测试软件就构成不同功能的仪器,因此软件在系统中占有十分重要的地位,甚至出现了"软件就是仪器"的理念。在集成电路迅速发展的今天,系统的硬件越来越简化,软件越来越复杂,集成电路器件的价格逐年大幅下降,而软件成本费用则大幅上升。

软件技术对于现代测试系统的重要性,表明计算机技术在现代测试系统中的重要地位。但不能认为,掌握了计算机技术就等于掌握了测试技术。这是因为,其一,计算机软件永远不能完全取代测试系统的硬件;其二,不懂得测试系统的基本原理就不可能正确地组建测试系统,也就不可能正确应用计算机进行测试。一个专门的程序设计者可以熟练且巧妙地编制科学计算的程序,但若不懂测试技术,则根本无法编制测试程序。因此,现代测试技术要求测试人员既要熟练掌握计算机应用技术,更要牢固掌握测试技术的基本理论和方法。

1.4.3　数字信号处理技术的发展

现代测试系统均是以计算机为核心的测量装置,因此,数字信号处理技术近几十年得到了长足的发展。在理论上,数字信号处理技术所涉及的范围极其广泛,微积分、概率统计、随机过程、高等代数、数值分析、近世代数、复变函数等是它的基本数学工具,网络理论、信号与系统等均是它的理论基础。在学科发展上,数字信号处理又和最优控制、通信理论、故障诊断等紧紧相连,近年来又成为人工智能、模式识别、神经网络等新兴学科的理论基础之一,其算法的实现(无论是硬件和软件)又和计算机学科及微电子技术密不可分。

在国际上,一般将 1965 年快速傅里叶变换(FFT)的问世,作为数字信号处理这一学科的开端。在近 60 年的发展中,数字信号处理自身已基本形成一套较为完整的理论体系。这些理论包括:

(1) 信号的采集(A/D 技术、抽样定理、多抽样率、量化噪声分析等);

(2) 离散信号的分析(时域及频域分析、各种变换技术、信号特征的描述等);

(3) 离散系统分析(系统的描述、系统的单位抽样响应、转移函数及频率特性等);

(4) 信号处理中的快速算法(快速傅里叶变换、快速卷积与相关等);

(5) 信号的估值(各种估值理论、相关函数与功率谱估计等);

(6) 滤波技术(各种数字滤波器的设计与实现);

(7) 信号的建模(最常用的有 AR、MA、ARMA、PRONY 等各种模型);

(8) 信号处理中的特殊算法(如抽取、插值、奇异值分解、反卷积、信号重建等);

(9) 信号处理技术的实现(软实现与硬件实现);

(10) 信号处理技术的应用。

由以上 10 方面可以看出,信号处理的理论和算法是密不可分的。把一个好的信号处理理论用于工程实际,需要辅以相应的算法,以达到高速、高效及简单易行的目的。例如,FFT 算法的提出使 DFT 理论得以推广,Levinson 算法的提出使 Toeplitz 矩阵的求解变得很容易,从而使参数模型谱估计技术得到广泛应用。

数字信号处理中所涉及的信号包括确定性信号、平稳随机信号、时变信号、一维及多维信号、单通道及多通道信号,所涉及的系统包括单通道系统和多通道系统。对每一类特定的信号与系统,上述理论的各方面又有不同的内容。

伴随着通信技术、电子技术及计算机技术的飞速发展,数字信号处理理论也在不断丰富和完善,各种新算法、新理论正在不断推出。例如,近年来,平稳信号的高阶统计量分析、非平稳信号的联合时频分析、信号的多抽样率分析、小波变换及独立分量分析等新的信号处理理论都取得了长足的发展。

所谓"数字信号处理的实现",是指将信号处理理论应用于某一具体的任务中。随着任务的不同,数字信号处理实现的途径也不相同。总的来说,可以分为软件实现和硬件实现两大类。

所谓软件实现,是指在通用计算机上用软件来实现信号处理的某一方面的理论。这种实现方式多用于教学及科学研究,如产品开发前期的算法研究与仿真。这种实现方式速度较慢,一般无法实时实现。

数字信号各类快速算法及 DSP 器件的飞速发展为信号处理的实时实现提供了可能。所谓实时实现,是指在人的听觉、视觉允许的时间内实现对输入信号的高速处理。实时实现需要算法和器件两方面的支持。算法是指快速傅里叶变换、卷积和相关的快速算法等。器件是指以 DSP 为代表的一类专门为实现数字信号处理任务而设计的高性能单片 CPU。它的出现,对简化信号处理系统的结构、提高运算速度、加快信号处理的实时能力等有很大影响。例如,TMS320C64X 是 TI 公司的高性能 DSP,其时钟频率可达 600MHz,运算能力可到 4800MIPS(百万条指令/秒)。随着性能的提升,DSP 在图像处理、语音处理、谱分析、振动噪声、生物医学信号的处理方面展示了广泛的应用前景。

目前,信号分析技术的发展目标是:进一步提高在线实时能力;提高分辨力和运算精度;扩大和发展新的专用功能;专用机结构小型化,性能标准化,价格低廉。

1.5　测试技术课程教学内容及实践

由前述可知,测试技术属于一门交叉学科,涉及很多领域的专业知识。相比其他专业基础课程,"测试技术"课程不仅理论性很强,而且很多知识点需要通过实践来掌握。下面以陆军工程大学机械工程专业(车辆工程方向)的"测试技术"课程教学为背景,介绍课程的教学内容及难点,分析传统实验教学的局限性,提出基于虚拟实验、实体实验、案例分析三者相结合的教学思路,为解决测试技术教学过程中实践不足的难题提供有益的思路和方法。

1.5.1　教学内容及难点

参考国内测试技术教科书,结合学生未来从事车辆工程技术工作的实现需要,陆军工程大学所选择的教学内容包括测试信号与系统分析、传感器原理及调理电路、计算机测试技术、现场总线技术、车辆底盘系统测试技术;配套开展的实验包括信号的时频特性参数分析、位移测试系统静态特性标定、振动传感器动态特性标定、几种常用传感器特性、数据采集系统使用、现场总线通信、动力系统测试等。

由教学内容可知,该课程的首要特点就是知识内容较多,涉及面广,如高等数学、电工电子技术、微机原理等知识,对学生的综合能力和应用能力要求较高。其次,课程的理论性很强,涉及公式推导和电路分析,思维需要从时域向频域转换,应用过程较为抽象。结合多年的教学实践可知,机械类专业学生在学习"测试技术"课程时会遇到如下难点:

1. 信号与系统分析

信号与系统分析是测试技术的理论基础,教学内容主要包含傅里叶级数、傅里叶变换、离散傅里叶变换、相关分析、系统频率特性分析等内容,其特点是数学公式多且抽象。很多大学在同类课程教学中往往只采用讲授法和算例教学法,通过大段的公式推导阐述原理,容易导致学生提不起学习兴趣,影响教学效果。

2. 测试系统常用电路分析

测试系统常用电路分析教学是本课程中另一个难点。与信号与系统部分教学内容相比,虽然其抽象性内容少,但机械专业学生对于电桥电路、放大电路、滤波器电路、计算机接口电路等相关知识往往储备不足,课堂上如果只是采用列电路方程求解分析、对着电路图讲解工作过程的教学方法,教学效果会很差。

3．计算机测试理论及应用

在计算机测试系统构成教学中,包括的知识点主要有抽样定理、信号采样及实现、计算机测试系统组成、数据采集卡及应用、虚拟仪器构成等。其中,抽样定理、信号采样过程、数据采集卡使用是学生理解和掌握上的难点。针对上述知识点,目前多采用理论推导结合演示实验的方法进行教学,受限于学时数和实验条件,学生们往往难以亲身实践,不容易掌握上述知识点的实质。

4．如何将测试技术知识学以致用

学生学习测试技术课程后,普遍感到理论难,用处少,为了帮助学生利用所学知识快速开展相关技术工作,在教学过程中,应该重视引入相关案例。例如,通过实例讲解车辆检测中典型传感器的用法、信号的采集及处理方法,不仅丰富了教学内容,而且让学生感觉到学有所用,对车辆技术保障工作有了深层次的认识。

1.5.2　传统实验教学的局限性

众所周知,科学实验对科技发展极其重要,是将新思想、新设想、新信息转换为新技术、新产品的孵化室,是探索未知、推动科学发展的强大武器。对于机械工程专业的学生来说,通过"测试技术"课程实践,不仅可以掌握一定的知识,还可以培养实践能力、想象力和创造性。但是对测试技术实验教学的现状进行调研后可知,多数院校基本上能开设该课程大纲所列的几个实验,但普遍存在如下问题:

(1) 所开设的实验多为常规性传统实验,内容较为陈旧。

(2) 实验手段落后,不能反映当代技术的发展。

(3) 实验侧重于验证书本理论,学生不能从中探求未知,进行研究和开拓。

(4) 实验内容和时间全部硬性规定,学生不能自主选择。

(5) 实验方案和步骤均由指导书确定,学生必须照搬执行。

(6) 实验设备和仪器数量少,实验过程中学生参与水平低,动手机会少。

(7) 实验仅作为课堂教学的附庸,课程成绩也不能反映学生的实验能力和水平。

(8) 没有从实验整体要求优化和素质培养出发形成"测试技术"课程的整体实验教学体系。

上述问题导致实验本身缺乏吸引力,从而挫伤了学生参与实验的积极性和主动性,客观上助长了重理论、轻实验的错误观点,扼杀了学生的个性发展和创造性,降低了实验教学应有的效果和水平。总之,传统的实验教学无力承担"测试技术"课程对实践的要求,各校迫切需要引入新的思维和手段,实现实验教学改革。

1.5.3 虚拟仿真、实体实验、案例分析相结合的教学实践

在测试技术教学中,我们可以不拘泥于传统教学实验类型,将教学实践分为虚拟仿真实验、实体实验和案例分析三类。虚拟仿真实验主要用于与理论授课相配合,学生学习相应的数值仿真软件后,通过软件建模、设定工作条件进行数值运算、开展运算结果分析等过程,加深对课程所学原理和知识点的理解。实体实验首先要通过实践使学生掌握基本的测试技术原理、测试系统构建和常用仪器使用方法、测试数据分析与处理手段等基本技能。通过案例教学,可以培养学生综合运用测试技术知识分析和解决实际测试技术问题的能力。

与实体实验相比,虚拟仿真实验技术是近年来涌现并被广泛采用的教学手段,具有花费小、不受时间和空间限制的优点,具有实体实验所不具备的多种优势。在开展虚拟实验实践中,我们经常遇到如下的疑问:在"测试技术"课程教学中,虚拟实验有用吗? 有了虚拟实验,还需要实体实验吗? 下面针对这些问题,结合本书的内容,谈一下三者的关系问题。

(1)实体实验、虚拟仿真、案例分析的教学目标不同。

虚拟仿真实验的教学目标是:利用数值仿真软件 MATLAB 中的信号处理工具箱,验证信号分析中的理论结论,掌握信号的频域分析方法;基于 Multisim 电路仿真软件,对典型信号调理放大、滤波器、计算机测试系统接口涉及的电路开展验证分析,解决机械类专业学生因电类基础知识欠缺而造成的该部分知识学习效率低下的问题。

实体实验中基础实验的教学目标是:掌握信号的采集与时频参数分析方法,传感器静态、动态特性标定方法,常用传感器的工作原理和输出特性,现场总线通信实现的方法。

实体实验中案例教学的目标是:掌握多通道采集系统的构建与编程控制方法,以柴油发动机和传动系统测试为背景,掌握发动机瞬时转速、喷油压力、振动信号、传动系统现场总线信息的采集原理与技术手段。需要学生在掌握测试原理的基础上,能组成测试系统,正确标定传感器,调试信号调理装置,独立进行信号采集和信号分析,判断设备的运行工作状态,达到学以致用的目的。

事实上,无论是实体实验中的基础实验还是案例教学,都能全面调动学生的视觉、听觉、触觉等各感官,带来虚拟实验无法给予的体验和冲击。

(2)虚拟实验是实体实验的有效补充。

实践表明,利用虚拟实验,可以使实体实验内容在时间和空间上得到延伸,帮助学生快速掌握知识难点、提高理论学习效率,具有实体实验不可替代的作用。

利用数值分析软件 MATLAB,可以将信号与系统分析部分中较为抽象的数学推导及结论具体化、形象化,是目前最有效的教学方法之一。 特别值得一提的是,MATLAB软件具有很强的信号分析处理功能,可以全面地展示信号产生、频谱分析、结果绘图等过程。实际上,在国内外电子信息类课程教学中,MATLAB 软件凭借其强大的图形演示功

能、类似自然语言的编程模式和丰富的软件工具包,越来越受青睐。在信号与系统分析部分内容的授课中,利用 MATLAB 程序,验证傅里叶变换的性质,对仿真信号进行频谱分析,可以形象地展示傅里叶变换的性质、频谱分析的含义和效果,帮助学生快速掌握频域分析基本理论。

Multisim 软件是现在广泛使用的电路仿真分析软件,其建模过程简单,虚拟仪表种类多,还具有幅频特性分析、参数扫描、瞬态分析等功能。通过 Multisim 软件对测试系统电路进行建模,在课堂上利用其中的虚拟示波器、信号发生器、万用表等仪器展示建模电路的输入/输出波形、各点电压、幅频特性曲线,全面形象地诠释电路的工作原理。学生课后利用所提供的电路模型开展仿真实验,可以较快地掌握相关电路的工作原理,大大提高学习效率。

总之,将虚拟仿真实验、实体实验、案例分析有机结合,合理搭配,可以有效提高"测试技术"课程的教学效率和教学效果,提升学生的学习兴趣,解决多年来"测试技术"课程教学实践不足的难题。

第2章

信号分析理论虚拟实验

2.1　MATLAB 语言操作实践

2.1.1　实验目的

（1）了解 MATLAB 语言的主要特点及作用。

（2）熟悉 MATLAB 主界面，初步掌握命令窗和编辑窗的操作方法。

（3）学习数组赋值、数组运算、绘图的程序编写。

2.1.2　实验原理

本次实验以 MATLAB 的使用为主，详细内容见相关教材及 MATLAB 的相关帮助文件，此处不再赘述。

2.1.3　实验内容与方法

1. 简单的数组赋值方法

MATLAB 中的变量和常量都可以是数组（或矩阵），且每个元素都可以是复数。

（1）在 MATLAB 命令（Command）窗口输入：

```
A = [1 2 3; 4 5 6; 7 8 9]
```

观察输出结果，然后再输入：

```
A(4,2) = 11
A(5,:) = [-13 -14 -15]
A(4,3) = abs(A(5,1))
A([2,5],:) = [ ]
A/2
A(4,:) = [sqrt(3) (4+5)/6*2 -7]
```

每输入一行命令，观察输出结果，然后在上述各命令行的后面标注其含义。

（2）在 MATLAB 命令窗口输入：

```
B = [1 + 2i, 3+4i; 5 + 6i, 7+8i]
C = [1,3;  5, 7] + [2,4;6,8] * i
```

观察输出结果。如果将 C 式中 i 前的 * 号省略，结果如何？

输入：

```
D = sqrt(2 + 3i)
D * D
E = C'
```

```
F = conj(C)
F = conj(C)′
```

观察以上各式输出结果,并在每式的后面标注其含义。

（3）在 MATLAB 命令窗口输入：

```
H1 = ones(3,2)
H2 = zeros(2,3)
H3 = eye(4)
```

观察输出结果。

2. 数组的基本运算

在 MATLAB 命令窗口输入：

A = [1 3 5],B = [2 4 6]

（1）求 C＝A＋B,D＝A－2,E＝B－A。]

（2）求 F1＝A ＊ 3,F2＝A. ＊ B,F3＝A. /B,F4＝A. \B,F6＝B. ^A,F7＝2. /B,F8＝B. \2。]

（3）求 Z1＝A ＊ B',Z2＝B'＊ A。

观察以上各输出结果,比较各种运算的区别,理解其含义。

3. 简单的流程控制编程

例 2-1-1：将数学表达式 $X = \sum_{n=1}^{32} n^2$ 用 MATLAB 程序实现计算。

MATLAB 程序如下：

```
X = 0;
for n = 1: 32
  X = X + n^2;
end
```

将该程序命名存为 test01。执行程序后,其结果不是图形,因而不会立即显示程序的执行结果。在命令窗口输入 X 后按回车键,观察其结果。

2.1.4　程序设计实验

1. $X = \sum_{n=1}^{20} (2n-1)^2$。

2. $X = 1 \times 2 + 2 \times 3 + 3 \times 4 + \cdots + 99 \times 100$。

思考题

1. MATLAB 语言与其他计算机语言相比,有何特点？

2. MATLAB 的工作环境主要包括哪几个窗口？这些窗口的主要功能是什么？

3. MATLAB 如何进行数组元素的访问与赋值？在赋值语句中，各种标点符号的作用是什么？

4. 数组运算有哪些常用的函数？MATLAB 中如何处理复数？

5. 数组运算与矩阵运算有何异同？重点理解数组运算中的点乘（.＊）和点除（./或.\）的用法。

6. 如何用 MATLAB 进行基本流程控制？

2.2　信号的产生与运算

2.2.1　实验目的

（1）熟悉 MATLAB 软件的使用。

（2）掌握信号的表示方法与基本运算的实现。

（3）掌握 MATLAB 常用信号函数并实现信号可视化的方法。

2.2.2　实验原理

常用的信号有正弦信号、单位阶跃信号、单位冲激信号、指数信号、采样信号、随机信号等。信号的运算包括：信号的基本运算，如加、减、乘、除等；信号的时域变换，如信号的平移、翻转、尺度变换等；信号的卷积运算等。

从严格意义上讲，MATLAB 并不能处理连续信号。在 MATLAB 中是用连续信号在等间隔时间的采样值来近似表示连续信号的。当采样时间间隔足够小，离散的样点就能够很好地近似出连续信号。

在 MATLAB 中提供了许多函数用于常用函数的产生，如阶跃信号、脉冲信号、指数信号、正弦信号和周期方波信号等，这些函数是信号处理的基础。

2.2.3　实验内容与方法

1. 连续信号的生成与可视化

例 2-2-1：实现正弦信号 $f(t)=\sin(2\pi t)$。

MATLAB 程序如下：

```
t = 0:0.001:1;
y = sin(2 * pi * t);
plot(t,y,'k');
axis([0,1, - 1.1,1.1]);
xlabel('时间(t)','FontSize',14);ylabel('幅值(f)','FontSize',14);
```

```
title('正弦信号','FontSize',14);
```

生成的正弦信号波形如图 2-1 所示。

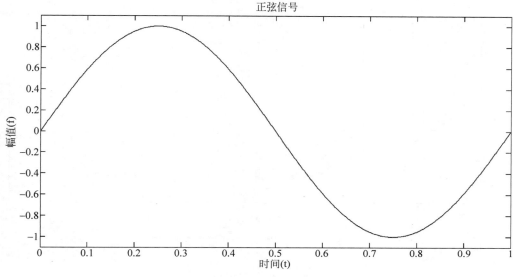

图 2-1 生成的正弦信号波形

例 2-2-2：实现单位阶跃信号 $f(t)=\varepsilon(t)$。

MATLAB 程序如下：

```
t = -2:0.01:6;
y = (t>=0);
plot(t,y,'k');
axis([-2,6,0,1.1]);
xlabel('时间(t)','FontSize',14);ylabel('幅值(f)','FontSize',14);
title('单位阶跃信号','FontSize',14);
```

生成的单位阶跃信号波形如图 2-2 所示。

例 2-2-3：实现单位冲激信号 $f(t)=\delta(t)$。

MATLAB 程序如下：

```
t = -2:0.001:2;
y = [t==0];
plot(t,y,'k');
axis([-2,2,0,1.2]);
xlabel('时间(t)','FontSize',14);ylabel('幅值(f)','FontSize',14);
title('单位冲激信号','FontSize',14);
```

生成的单位冲激信号波形如图 2-3 所示。

例 2-2-4：实现指数衰减信号 $f(t)=\mathrm{e}^{-0.5t}$。

MATLAB 程序如下：

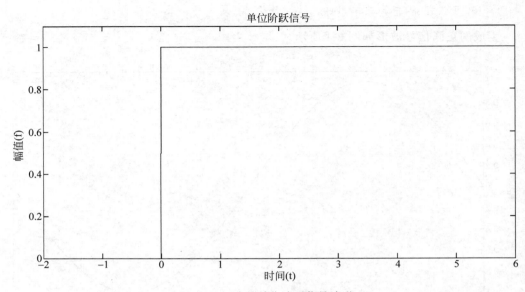

图 2-2　生成的单位阶跃信号波形

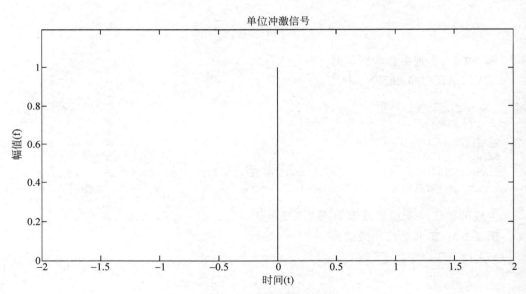

图 2-3　生成的单位冲激信号波形

```
t = - 2:0.001:6;
y = exp( - 0.5 * t);
plot(t,y,'k');
xlabel('时间(t)','FontSize',14);ylabel('幅值(f)','FontSize',14);
title('指数衰减信号','FontSize',14);
```

生成的指数衰减信号波形如图 2-4 所示。

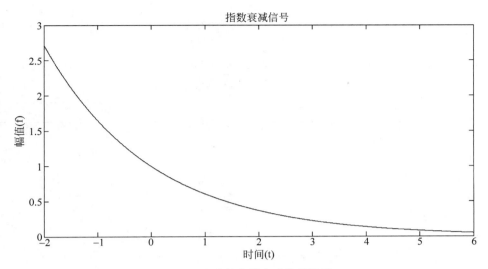

图 2-4　生成的指数衰减信号波形

例 2-2-5：实现复指数信号 $f(t) = e^{-3t+4jt}$ 。

MATLAB 程序如下：

```
t = 0:0.01:3;
y = exp((-3 + 4j) * t);
subplot(2,2,1);
plot(t,real(y),'k');
xlabel('时间(t)','FontSize',14);ylabel('幅值(f)','FontSize',14);
title('实部','FontSize',14);
subplot(2,2,2);
plot(t,imag(y),'k');
xlabel('时间(t)','FontSize',14);ylabel('幅值(f)','FontSize',14);
title('虚部','FontSize',14);
subplot(2,2,3);
plot(t,abs(y),'k');
xlabel('时间(t)','FontSize',14);ylabel('幅值(f)','FontSize',14);
title('模','FontSize',14);
subplot(2,2,4);
plot(t,angle(y),'k');
xlabel('时间(t)','FontSize',14);ylabel('相位','FontSize',14);
title('相角','FontSize',14);
```

生成的复指数信号波形如图 2-5 所示。

2. 离散信号的生成与可视化

例 2-2-6：实现正弦序列。

MATLAB 程序如下：

```
k1 = -20; k2 = 20;
```

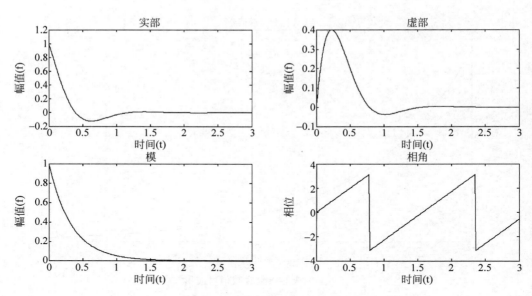

图 2-5　生成的复指数信号波形

```
k = k1:k2;
y = sin(k * pi/6);
stem(k,y,'k','filled');
xlabel('时间(k)','FontSize',14);ylabel('幅值 f(k)','FontSize',14);
title('正弦序列','FontSize',14);
```

生成的正弦序列如图 2-6 所示。

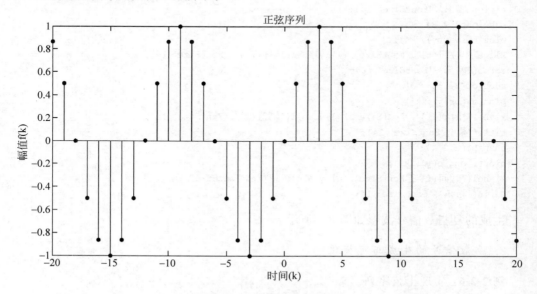

图 2-6　生成的正弦序列

例 2-2-7：实现单位脉冲序列。

MATLAB 程序如下：

```
k1 = -3; k2 = 6;
k = k1:k2;
n = 3; % 单位脉冲出现的位置
y = [(k - n) = = 0];
stem(k,y,'k','filled');
xlabel('时间(k)','FontSize',14);ylabel('幅值 f(k)','FontSize',14);
title('单位脉冲序列','FontSize',14);
```

生成的单位脉冲序列如图 2-7 所示。

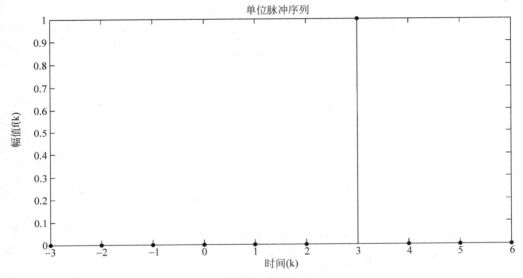

图 2-7　生成的单位脉冲序列

例 2-2-8：实现单位阶跃序列。

MATLAB 程序如下：

```
k0 = 0; % 单位阶跃序列出现的位置
k1 = -4; k2 = 20;
k = k1:k2;
n = length(k);
nk = abs(k0 - k1) + 1;
y = [zeros(1, nk - 1), ones(1, n - nk + 1)];
stem(k,y,'k','filled');
axis([k1,k2,0,1.2]);
xlabel('时间(k)','FontSize',14);ylabel('幅值 f(k)','FontSize',14);
title('单位阶跃序列','FontSize',14);
```

生成的单位阶跃序列如图 2-8 所示。

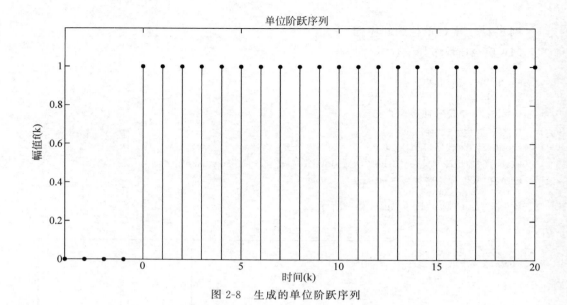

图 2-8　生成的单位阶跃序列

例 2-2-9：实现随机信号序列。

MATLAB 程序如下：

```
R = 51;
d = 0.8 * (rand(R,1) - 0.5);
m = 0:R-1;
stem(m,d,'k');
title('随机信号序列','FontSize',14);
xlabel('时间(k)','FontSize',14);ylabel('幅值 f(k)','FontSize',14);
```

生成的随机信号序列如图 2-9 所示。

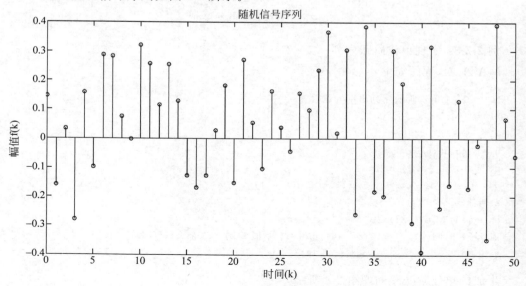

图 2-9　生成的随机信号序列

3. 信号的基本运算

两个信号的加法和乘法运算,主要要求两个信号运算的时间序列长度相同,比较容易实现和验证。下面主要介绍信号的反折、移位、尺度变换、卷积。

例 2-2-10:已知信号 $x(n)=\mathrm{e}^{-0.3n}$,$-4<n<4$,求它的反折序列 $x(-n)$。

注意:序列反折是指序列的两个向量以零时刻的取值为基准点,以纵轴为对称轴反折。

MATLAB 程序如下:

```
n = -4:4;
x = exp(-0.3 * n);
x1 = fliplr(x);
n1 = -fliplr(n)
subplot(1,2,1);stem(n,x,'fill','k');
title('x(n)','FontSize',14);
subplot(1,2,2);stem(n1,x1,'fill','k');
title('x(-n)','FontSize',14);
```

程序运行结果如图 2-10 所示。

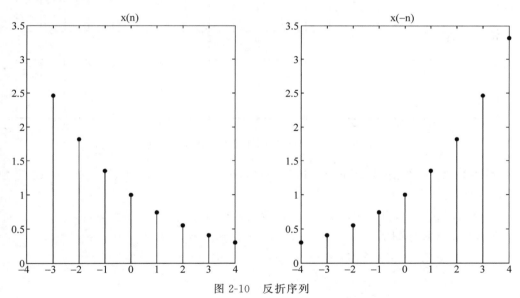

图 2-10　反折序列

例 2-2-11:对单位阶跃序列($-10<n<10$)进行超前 6 位和延时 4 位操作。

MATLAB 程序如下:

```
n1 = -10; n2 = 10;
k0 = 0; k1 = -6; k2 = 4;
n = n1:n2;
x0 = [n >= k0];
x1 = [(n - k1)>= 0];
```

```
x2 = [(n − k2)> = 0];
subplot(3,1,1); stem(n,x0,'fill','k');
axis([n1,n2,0, 1.1]);
title('u(n)','FontSize',14);
subplot(3,1,2); stem(n,x1,'fill','k');
axis([n1,n2,0, 1.1]);
title('u(n + 6)','FontSize',14);
subplot(3,1,3); stem(n,x2,'fill','k');
axis([n1,n2,0, 1.1]);
title('u(n − 4)','FontSize',14);
```

程序运行结果如图 2-11 所示。

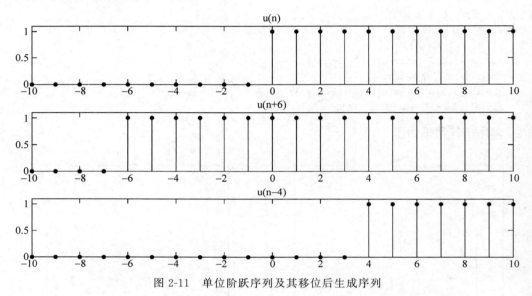

图 2-11　单位阶跃序列及其移位后生成序列

例 2-2-12：已知信号 $x(n) = \sin(2\pi n), 0 < n < 20$，求 $x(2n)$、$x(n/2)$ 的信号波形。

为研究问题方便，将 n 缩小到 1/20 进行波形显示。

MATLAB 程序如下：

```
n = ( 0 : 20)/20;
x = sin(2 * pi * n);
x1 = sin(2 * pi * n * 2);
x2 = sin(2 * pi * n /2);
subplot(3,1,1); stem(n,x,'fill','k');
title('x(n)','FontSize',14);
subplot(3,1,2); stem(n,x1,'fill','k');
title('x(2n)','FontSize',14);
subplot(3,1,3); stem(n,x2,'fill','k');
title('x(n/2)','FontSize',14);
```

程序运行结果如图 2-12 所示。

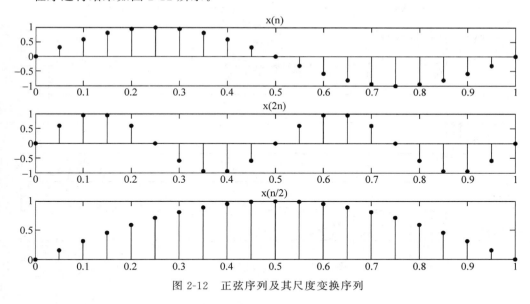

图 2-12 正弦序列及其尺度变换序列

例 2-2-13：求两个方波信号的卷积。

MATLAB 程序如下：

```
y1 = [ones(1,20),zeros(1,20)];
y2 = [ones(1,10),zeros(1,20)];
y = conv(y1,y2);
n1 = 1:length(y1);
n2 = 1:length(y2);
L = length(y)
subplot(3,1,1);stem(n1,y1,'fill','k');axis([1,L,0,2]);
title('y1','FontSize',14);
subplot(3,1,2);stem(n2,y2,'fill','k');axis([1,L,0,2]);
title('y2','FontSize',14);
n = 1:L;
subplot(3,1,3);stem(n,y,'fill','k');axis([1,L,0,20]);
title('卷积 Y = y1 * y2','FontSize',14)
```

程序运行结果如图 2-13 所示。

2.2.4 程序设计实验

1. 实现序列 $x(n) = \delta(n+3) + 2\delta(n-4)$，$-5 < n < 5$。
2. 已知信号 $x(n) = n \sin n$，$0 < n < 20$，显示 $x(-n+3)$，$x(n/2)$ 的波形。

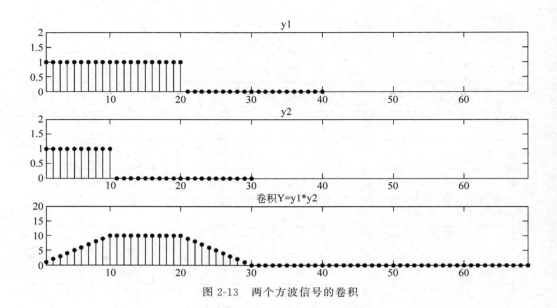

图 2-13　两个方波信号的卷积

思考题

1. 通过调用 MATLAB 函数的方法实现 $\mathrm{sinc}(x)$ 函数，然后再利用正弦函数实现 $\mathrm{sinc}(x)$。

2. 在卷积运算中，conv 函数没有任何时间信息，如何利用卷积函数编写一个可以得到时间信息的改进函数？

2.3　连续线性时不变系统的时域分析

2.3.1　实验目的

（1）熟悉连续线性时不变系统在典型激励信号下的响应及其特征。

（2）掌握连续线性时不变系统单位冲激响应的求解方法。

（3）熟悉 MATLAB 相关函数的调用格式及作用。

（4）会用 MATLAB 对系统进行时域分析。

2.3.2　实验原理

连续时间线性时不变系统（LTI）可以用如下的线性常系统微分方程来描述：

$$\sum_{k=0}^{n} a_k y^{(k)}(t) = \sum_{l=0}^{m} b_l x^{(l)}(t) \tag{2-1}$$

其中,$n \geqslant m$。系统的初始条件为 $y^{(p)}(0_-)$,$p=0,1,\cdots,n-1$。

根据相关数学知识,该系统的响应包括由当前输入产生的零状态响应和由历史输入产生的零输入响应。对于低阶系统,可以通过解析的方法得到其响应。但对于高阶系统,手工计算非常困难,可以利用 MATLAB 来确定系统的各种响应,如冲激响应、阶跃响应、零输入响应、零状态响应、全响应等。

1. 直接求解法

在 MATLAB 中,要求以系数向量的形式输入系统的微分方程。因此,在使用前必须对系统的微分方程进行变换,得到其传递函数。按照 s 的降幂排列,分别用向量 **a** 和 **b** 表示分母多项式和分子多项式的系数。涉及的函数有 impulse(冲激响应)、step(阶跃响应)、roots(零输入响应)、lsim(零状态响应)等。

2. 卷积求解法

已知系统的单位冲激响应,利用卷积计算方法,可以计算任意输入状态下系统的零状态响应。对于一个线性零状态系统,其单位冲激响应为 $h(t)$,激励信号为 $x(t)$,系统的零状态响应为 $y_{zs}(t)=x(t)*h(t)$。如果以 T 为采样周期获得激励信号和单位冲激响应的离散序列,则系统的零状态响应也可用离散序列卷积来近似表示为 $y_{zs}(k)=x(k)*h(k)$。

2.3.3 实验内容与方法

例 2-3-1：求系统 $\ddot{y}(t)+6\dot{y}(t)+8y(t)=3\dot{x}(t)+9x(t)$ 的冲激响应和阶跃响应。

(1)系统冲激响应的 MATLAB 程序如下：

```
b = [3,9];a = [1,6,8];
sys = tf(b,a);
t = 0:0.1:10;
y = impulse(sys,t);
plot(t,y);
xlabel('时间(t)');ylabel('y(t)');title('单位冲激响应');
set(gcf,'color','w');
```

系统的冲激响应曲线如图 2-14 所示。

(2)系统阶跃响应的 MATLAB 程序如下：

```
b = [3,9];a = [1,6,8];
sys = tf(b,a);
t = 0:0.1:10;
y = step(sys,t);
plot(t,y);
xlabel('时间 t');ylabel('y(t)');title('单位阶跃响应');
set(gcf,'color','w');
```

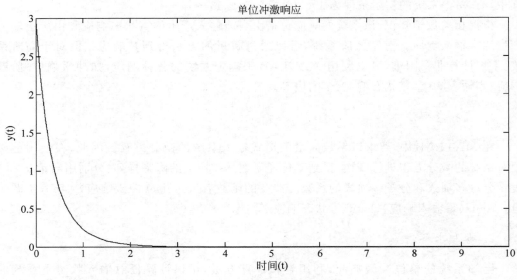

图 2-14　系统的冲激响应曲线

系统的阶跃响应曲线如图 2-15 所示。

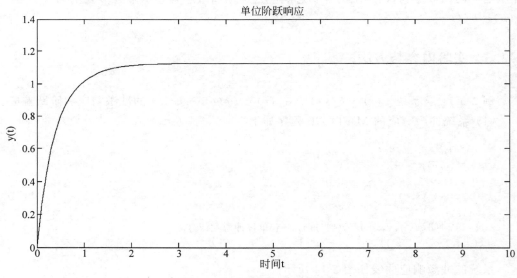

图 2-15　系统的阶跃响应曲线

例 2-3-2：求系统 $\ddot{y}(t) + y(t) = \cos(t)$，$y(0^+) = \dot{y}(0^+) = 0$ 的全响应。

（1）系统在正弦激励下的零状态响应 MATLAB 程序如下：

```
b = [1];a = [1,0,1];
sys = tf(b,a);
t = 0:0.1:10;
x = cos(t)
```

```
y = lsim(sys,x,t);
plot(t,y);
xlabel('时间 t');ylabel('y(t)');title('零状态响应');
set(gcf,'color','w');
```

系统的零状态响应曲线如图 2-16 所示。

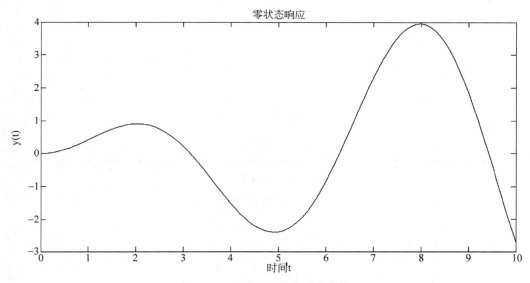

图 2-16　系统的零状态响应曲线

（2）系统的全响应 MATLAB 程序如下：

```
b = [1];a = [1 0 1];
[A B C D] = tf2ss(b,a);
sys = ss(A,B,C,D);
t = 0:0.1:10;
x = cos(t);zi = [ - 10];
y = lsim(sys,x,t,zi);
plot(t,y);
xlabel('时间 t');ylabel('y(t)');title('系统的全响应');
set(gcf,'color','w');
```

系统的全响应曲线如图 2-17 所示。

例 2-3-3：已知某 LTI 系统激励 $f(t) = \sin t \varepsilon(t)$，单位冲激响应 $h(t) = t e^{-2t} \varepsilon(t)$，绘出激励信号、单位冲激响应、系统零状态响应的图形。

MATLAB 程序如下：

```
T = 0.1;
t = 0:T:10;
  f = 3. * t. * sin(t);
  h = t. * exp( - 2 * t);
  Lf = length(f);
```

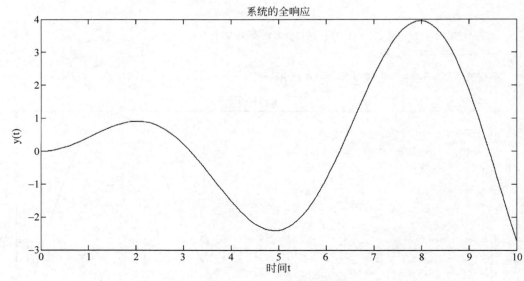

图 2-17　系统的全响应曲线

```
Lh = length(h)
for k = 1:Lf + Lh − 1
    y(k) = 0;
    for i = max(1,k − (Lh − 1)):min(k,Lf)
        y(k) = y(k) + f(i) * h(k − i + 1);
    end
        yzsappr(k) = T * y(k);
end
subplot(3,1,1) ;  % f(t)的波形
plot(t,f);title('f(t)');
subplot(3,1,2);  % h(t)的波形
plot(t,h);title('h(t)');
subplot(3,1,3);  % 零状态响应近似结果的波形
plot(t,yzsappr(1:length(t)));title('零状态响应近似结果');xlabel('时间 t');
set(gcf,'color','w');
```

系统的响应曲线如图 2-18 所示。

2.3.4　程序设计实验

1. 计算下面系统在指数函数激励下的零状态响应：
$$H(s) = \frac{1.65s^4 - 0.331s^3 - 576s^2 + 90.6s + 19080}{s^6 + 0.996s^5 + 463s^4 + 97.8s^3 + 12131s^2 + 8.11s}$$

2. 计算下面系统的冲激、阶跃、斜坡、正弦激励下的零状态响应：
$$y^{(4)}(t) + 0.6363y^{(3)}(t) + 0.9396y^{(2)}(t) + 0.5123y^{(1)}(t) + 0.0037y(t)$$
$$= -0.475x^{(3)}(t) - 0.248x^{(2)}(t) - 0.1189x^{(1)}(t) - 0.0564x(t)$$

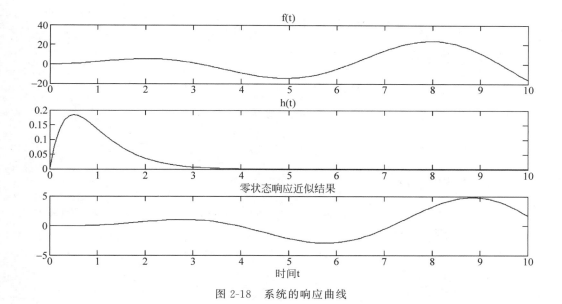

图 2-18 系统的响应曲线

思考题

线性时不变系统的零状态响应是输入信号与冲激响应的卷积,其根据是什么?

2.4 连续线性时不变系统的频域分析

2.4.1 实验目的

(1) 掌握连续时间信号的傅里叶变换和傅里叶逆变换的实现方法。
(2) 掌握傅里叶变换的数值计算方法和绘制信号频谱的方法。

2.4.2 实验原理

1. 周期信号的分解

根据傅里叶级数的相关知识可知,任何满足狄里赫利条件的周期信号都可以分解为三角级数的组合。例如,在误差允许范围内,一个方波信号可以近似分解为一系列正弦函数的叠加。利用这些有限项正弦函数相加,可以近似合成方波信号。所取正弦函数项数越多,除间断点附近外,越接近原方波信号。在间断点附近,即使合成的波形所含谐波次数足够多,也存在约 9% 的偏差,这就是吉布斯现象。

2. 连续时间信号傅里叶变换的数值计算

由傅里叶变换公式

$$F(\mathrm{j}\omega) = \int_{-\infty}^{+\infty} f(t) \mathrm{e}^{-\mathrm{j}\omega t} \, \mathrm{d}t = \lim_{\tau \to 0} \sum_{n=-\infty}^{+\infty} f(n\tau) \mathrm{e}^{-\mathrm{j}\omega n\tau} \tau \qquad (2\text{-}2)$$

当 $f(t)$ 为时限信号时,式(2-2)中 n 取有限项 N,则有

$$F(k) = \tau \sum_{n=0}^{N-1} f(n\tau) \mathrm{e}^{-\mathrm{j}\omega_k n\tau}, \ 0 \leqslant k \leqslant N, \omega_k = \frac{2\pi}{N\tau} k \qquad (2\text{-}3)$$

3. 系统的频率特性

连续时不变系统的频率响应特性是指在正弦信号的激励作用下稳态响应随激励信号频率的变化而变化的情况,记为 $H(\omega)$。

2.4.3 实验内容与方法

1. 周期信号的分解

例 2-4-1:用正弦信号叠加合成一个频率为 50Hz、幅度为 3 的方波。
MATLAB 程序如下:

```
clear all;
fs = 10000;
t = [0:1/fs:0.1];
f0 = 50;sum = 0;
subplot(2,1,1)
for n = 1:2:9
plot(t,4/pi * 1/n * sin(2 * pi * n * f0 * t),'k');
hold on;
end
title('信号叠加前');
subplot(2,1,2)
for n = 1:2:9
sum = sum + 4/pi * 1/n * sin(2 * pi * n * f0 * t);
end
plot(t,sum,'k');
title('信号叠加后');
set(gcf,'color','w');
```

程序运行结果如图 2-19 所示。

2. 傅里叶变换和逆变换的实现

求傅里叶变换,可以利用 MATLAB 中的符号运算功能,调用 fourier 和 ifourier 函数,分别求出函数的傅里叶变换与逆变换的解析表达式。

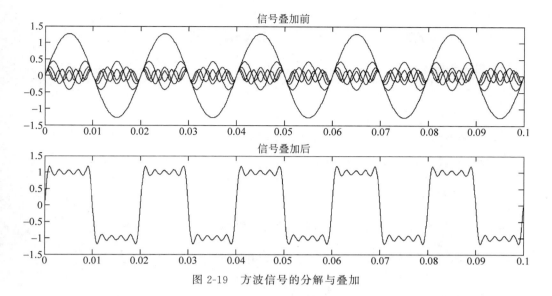

图 2-19　方波信号的分解与叠加

例 2-4-2：已知连续信号 $x(t) = e^{-2|t|}$，求其傅里叶变换解析表达式并绘出函数的图形。
MATLAB 程序如下：

```
syms t;
f = fourier(exp( - 2 * abs(t)));
ezplot(f);
程序运行后,得到:
f  = 4/(4 + w^2)
```

其图形如图 2-20 所示。

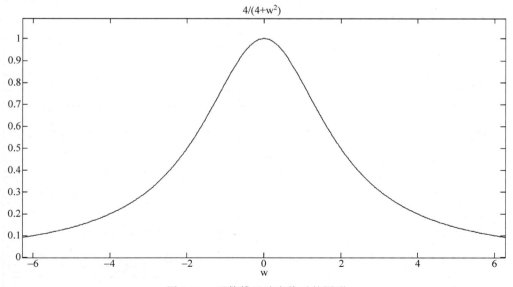

图 2-20　函数傅里叶变换后的图形

例 2-4-3：已知连续信号 $F(j\omega) = \dfrac{1}{1+\omega^2}$，求其傅里叶逆变换。

MATLAB 程序如下：

```
syms t w;
f = ifourier(1/(1 + w^2),t)
```

得到的结果为

```
f = 1/2 * exp( - t) * heaviside(t) + 1/2 * exp(t) * heaviside( - t)
```

3. 傅里叶变换的性质

如下为傅里叶变换的时移特性和频移特性的例题。

例 2-4-4：分别绘出信号 $f(t) = \dfrac{1}{2}e^{-2t}\varepsilon(t)$ 和 $f(t-1)$ 的频谱。

（1）先求 $f(t) = \dfrac{1}{2}e^{-2t}\varepsilon(t)$ 的频谱。

MATLAB 程序如下：

```
r = 0.02; t = - 5:r:5; N = 200; W = 2 * pi; k = - N:N; w = k * W/N;
f1 = 1/2 * exp( - 2 * t). * stepfun(t,0);
F = r * f1 * exp( - j * t' * w);
F1 = abs(F); P1 = angle(F);subplot(3,1,1);plot(t,f1,'k');grid
xlabel('t');ylabel('f(t)');title('f(t)');subplot(3,1,2);
plot (w,F1,'k');xlabel('w');grid;ylabel('F(jw)');subplot(3,1,3);
plot (w,P1 * 180/pi,'k');grid;xlabel('w');ylabel('相位(度)');
set(gcf,'color','w');
```

得到 $f(t)$ 的频谱如图 2-21 所示。

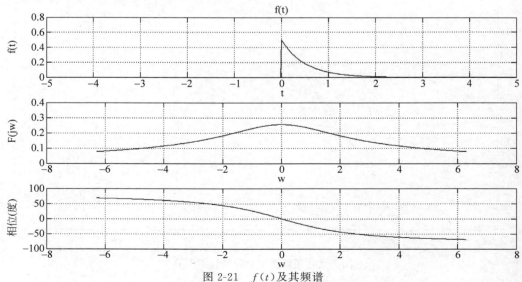

图 2-21　$f(t)$ 及其频谱

（2）再求 $f(t-1)$ 的频谱，MATLAB 程序如下：

```
r = 0.02; t = - 5:r:5; N = 200; W = 2 * pi; k = - N:N; w = k * W/N;
f1 = 1/2 * exp( - 2 * (t - 1)). * stepfun(t,1);
F = r * f1 * exp( - j * t' * w);
F1 = abs(F); P1 = angle(F); subplot(3,1,1); plot(t,f1,'k'); grid on
xlabel('t'); ylabel('f(t)'); title('f(t-1)'); subplot(3,1,2);
plot(w,F1,'k');xlabel('w');grid on; ylabel('F(jw)的模'); subplot(3,1,3);
plot (w,P1 * 180/pi,'k'); grid; xlabel('w'); ylabel('相位(度)');
set(gcf,'color','w');
```

得到 $f(t-1)$ 的频谱如图 2-22 所示。

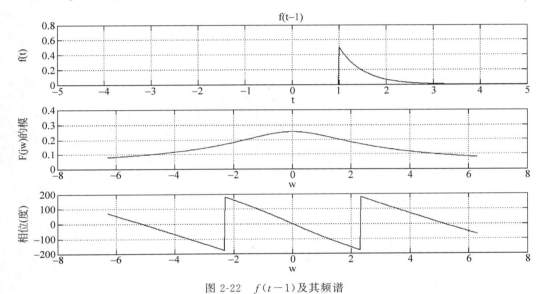

图 2-22　$f(t-1)$ 及其频谱

例 2-4-5：信号 $f(t)=g(t)$ 为门信号，分别绘出信号 $f(t)\mathrm{e}^{-\mathrm{j}10t}$ 和 $f(t)\mathrm{e}^{\mathrm{j}10t}$，并与原信号频谱图进行比较。

（1）先求门信号频谱，MATLAB 程序如下：

```
R = 0.02;t = - 2:R:2;
f = stepfun(t, - 1) - stepfun(t,1);
W1 = 2 * pi * 5;
N = 500;
k = 0:N;
W = k * W1/N;
F = f * exp( - j * t' * W) * R;
F = real(F);W = [ - fliplr(W),W(2:501)];
F = [fliplr(F),F(2:501)];
subplot(2,1,1);plot(t,f,'k');
xlabel('t');ylabel('f(t)');axis([ - 2,2, - 0.5,2]);
title('f(t) = u(t + 1) - u(t - 1)');subplot(2,1,2); plot(W,F,'k');
```

```
xlabel('W');ylabel('F(W)');title('f(t)的傅里叶变换')
set(gcf,'color','w');
```

得到门信号的傅里叶变换曲线如图 2-23 所示。

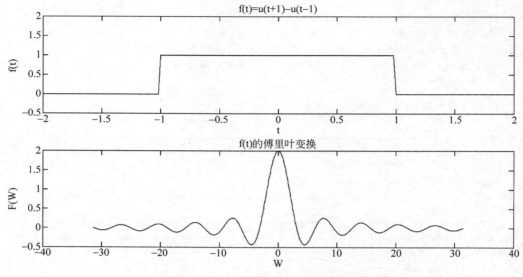

图 2-23　门信号的傅里叶变换曲线

（2）然后求频移后的两个信号的频谱，MATLAB 程序如下：

```
R = 0.02;t = - 2:R:2;
f = stepfun(t, - 1) - stepfun(t,1);
f1 = f. * exp( - j * 10 * t);f2 = f. * exp(j * 10 * t);
W1 = 2 * pi * 5;
N = 500;
k = - N:N;
W = k * W1/N;
F1 = f1 * exp( - j * t' * W) * R;
F2 = f2 * exp( - j * t' * W) * R;
F1 = real(F1);F2 = real(F2);
subplot(2,1,1);plot(W,F1,'k');
xlabel('W');ylabel('F1(W)');title('频谱 F1(jW)')
subplot(2,1,2);plot(W,F2,'k');
xlabel('W');ylabel('F2(W)');title('频谱 F2(jW)');
set(gcf,'color','w');
```

得到门信号频移后的傅里叶变换曲线如图 2-24 所示。

2.4.4　程序设计实验

1. 用 5 项谐波合成一个频率为 50 Hz、幅值为 3 的方波，写出 MATLAB 程序，给出实验结果。

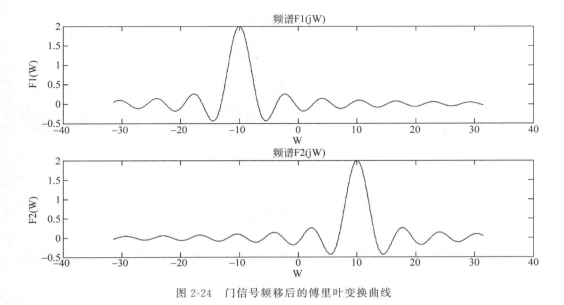

图 2-24　门信号频移后的傅里叶变换曲线

2. 编写程序,绘出信号 $f(t) = \mathrm{e}^{-3t}\varepsilon(t)$,$f(t-4)$ 及 $f(t)\mathrm{e}^{-\mathrm{j}4t}$ 的频谱图。

思考题

1. 将信号利用所分解的谐波合成,多少次谐波合成可以得到原波形? 如不能,误差为多少?

2. 常数和阶跃函数的傅里叶变换是否能直接利用傅里叶定义计算? 为什么?

2.5　离散傅里叶变换及性质

2.5.1　实验目的

(1) 通过本实验的练习,了解离散时间信号时域运算的基本实现方法。

(2) 了解相关函数的调用格式及作用。

(3) 通过本实验,掌握离散傅里叶变换的原理及编程思想。

2.5.2　实验原理

对于离散序列,存在着两种傅里叶变换——离散时间傅里叶变换(DTFT)和离散傅里叶变换(DFT)。DTFT 用来求出离散信号的连续频谱,它仅在时域上离散而在频域上是连续的;DFT 用来求出连续频谱上的离散样本点,所以在时域和频域上都是离散的。对于一个离散序列 $x(n)$,它的离散时间傅里叶变换(DTFT)的定义为

$$X(j\omega) = F[x(n)] = \sum_{n=-\infty}^{+\infty} x(n)e^{-j\omega n} \tag{2-4}$$

离散时间傅里叶变换收敛的充分条件是 $x(n)$ 绝对可加,即

$$\sum_{n=-\infty}^{+\infty} |x(n)| < +\infty$$

MATLAB 提供了内部函数来快速地进行离散傅里叶变换(DFT)和逆变换(IDFT)的计算,如下所列:

$$\mathrm{fft}(x), \mathrm{fft}(x,N), \mathrm{ifft}(x), \mathrm{ifft}(x,N)$$

(1) $\mathrm{fft}(x)$:计算 L 点的 DFT,L 为序列 x 的长度,即 $L = \mathrm{length}(x)$。

(2) $\mathrm{fft}(x,N)$:计算 N 点的 DFT。N 为指定采用的点数,如果 $N > L$,则程序会自动给 x 后面补 $N-L$ 个零点;如果 $N < L$,则程序会自动截断 x,取前 N 个数据。

(3) $\mathrm{ifft}(x)$:计算 L 点的 IDFT,L 为序列 x 的长度,即 $L = \mathrm{length}(x)$。

(4) $\mathrm{ifft}(x,N)$:计算 N 点的 IDFT。N 为指定采用的点数,如果 $N > L$,则程序会自动给 x 后面补 $N-L$ 个零点;如果 $N < L$,则程序会自动截断 x,取前 N 个数据。

2.5.3 实验内容与方法

1. 离散时间傅里叶变换 DTFT

例 2-5-1:求有限长序列 $x(n) = [1,2,3,4,5]$ 的 DTFT,绘出它的幅值谱、相位谱、实部和虚部。

MATLAB 程序如下:

```
clf;
x = [1, 2, 3, 4, 5]; nx = [0:4];
w = linspace(0, 2 * pi, 512);
H = x * exp(-j * nx' * w);
%画幅度特性曲线
subplot(2,2,1); plot(w,abs(H));ylabel('幅度');
%画相位特性曲线
subplot(2,2,2); plot(w,angle(H));ylabel('相角');
%画幅度实部特性曲线
subplot(2,2,3); plot(w,real(H));ylabel('实部');
%画幅度虚部特性曲线
subplot(2,2,4); plot(w,imag(H));ylabel('虚部');
set(gcf,'color','w');
```

程序运行结果如图 2-25 所示。

2. 离散傅里叶变换 DFT

例 2-5-2:对离散序列 $x(n) = \cos(2\pi n/5)$,求出它的 20 点和 23 点的离散傅里叶变换的幅值谱。

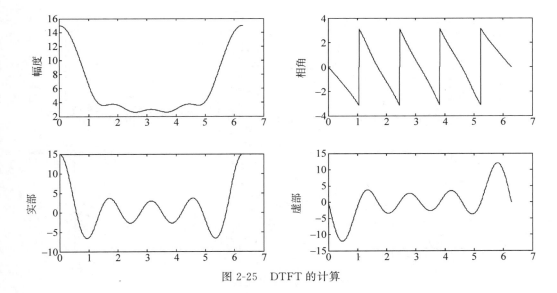

图 2-25　DTFT 的计算

MATLAB 程序如下：

```
clf;
k = 5;
n1 = [0:0.75:19]; x1 = cos(2 * pi * n1/k); xk1 = abs(fft(x1));
n2 = [0:0.75:22]; x2 = cos(2 * pi * n2/k); xk2 = abs(fft(x2));
% 画 x1 信号曲线
subplot(2,2,1); plot(n1,x1);
xlabel('n');ylabel('x1(n)');
% 画 x1 信号 DFT 幅度谱曲线
subplot(2,2,2); stem(n1,xk1);
xlabel('k');ylabel('X1(k)');
set(gca, 'XTickMode', 'manual', 'XTick', [0, 5, 10, 15 , 20]);
% 画 x2 信号曲线
subplot(2,2,3); plot(n2,x2);
axis([0,22, - 1,1]);xlabel('n');ylabel('x2(n)');
% 画 x2 信号 DFT 幅度谱曲线
subplot(2,2,4); stem(n2,xk2);
xlabel('k');ylabel('X2(k)');
set(gca, 'XTickMode', 'manual', 'XTick', [0, 5, 10, 15 , 22]);
set(gcf,'color','w');
```

从图 2-26 可知，只有序列 20 点的傅里叶变换得到的频谱图是单一谱线。其原因在于序列的周期是 5，而 20 是 5 的整数倍，所以得到了单一谱线的频谱图，而序列 23 点则选取了 4.5 个周期，结果出现了频谱泄漏，不能得到单一谱线的频谱图。

3. 离散傅里叶变换 DFT 的性质

1）时移特性

例 2-5-3：将序列 $x(n)=[2,1,-1,8,6,-2,-4,9,-3]$ 右移 10 位，观察它的幅值

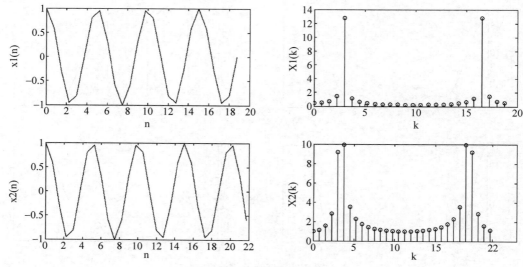

图 2-26　DFT 及其快速计算

谱和相位谱的变化。

MATLAB 程序如下：

```
clf;
w = - pi:2 * pi/511:pi;
d = 10;
x1 = [2,1, - 1,8,6, - 2, - 4,9, - 3];
xk1 = abs(freqz(x1,1,w));
omega1 = angle(freqz(x1,1,w));
x2 = [zeros(1,d),x1];
xk2 = abs(freqz(x2,1,w));
omega2 = angle(freqz(x2,1,w));
subplot(2,2,1); plot(w/pi,xk1);
title('原始序列的幅值谱');
subplot(2,2,2); plot(w/pi,xk2);
title('时移序列的幅值谱');
subplot(2,2,3); plot(w/pi,omega1);
title('原始序列的相位谱');
subplot(2,2,4); plot(w/pi,omega2);
title('时移序列的相位谱');
set(gcf,'color','w');
```

离散傅里叶变换的时移特性如图 2-27 所示。

2）频移特性

例 2-5-4：将序列 $x(n)=[2,1,-1,8,6,-2,-4,9,-3]$ 的频谱向右移 9 位，观察它的频移序列的幅值谱和相位谱。

MATLAB 程序如下：

```
clf;
```

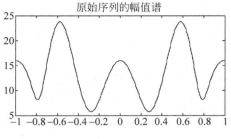
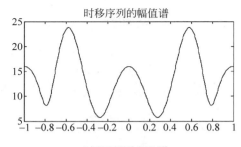
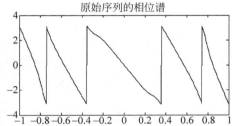
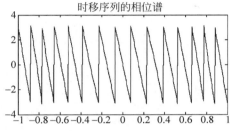

图 2-27　离散傅里叶变换的时移特性

```
w = - pi:2 * pi/511:pi;
deltaw = 0.4 * pi;
x1 = [2,1, - 1,8,6, - 2, - 4,9, - 3];
xk1 = abs(freqz(x1,1,w));
omega1 = angle(freqz(x1,1,w));
L = length(x1);
n = 0 : L - 1;
x2 = exp(deltaw * i * n). * x1;
xk2 = abs(freqz(x2,1,w));
omega2 = angle(freqz(x2,1,w));
subplot(2,2,1); plot(w/pi,xk1);
title('原始序列的幅值谱');
subplot(2,2,2); plot(w/pi,xk2);
title('频移序列的幅值谱');
subplot(2,2,3); plot(w/pi,omega1);
title('原始序列的相位谱');
subplot(2,2,4); plot(w/pi,omega2);
title('频移序列的相位谱');
set(gcf,'color','w');
```

离散傅里叶变换的频移特性如图 2-28 所示。

3）循环卷积性质

例 2-5-5：已知序列 $x(n) = [1,3,7, -3, -4,5,2,6,1]$，$h(n) = [1, -2,3, -2,1]$，求 $x(n)$ 和 $h(n)$ 的 13 点循环卷积序列 $y(n)$，对比循环卷积序列 $y(n)$ 与积序列 $y1(n) = x(n) * h(n)$ 的幅值谱和相位谱。

MATLAB 程序如下：

```
clf;
```

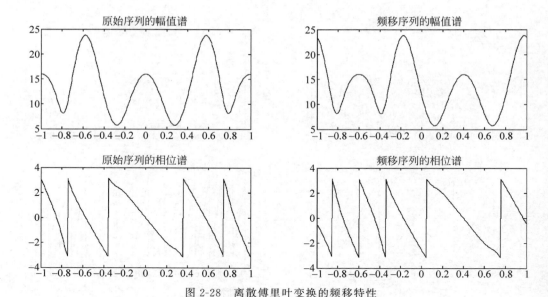

图 2-28　离散傅里叶变换的频移特性

```
clear;
w = -pi:2*pi/511:pi;
N = 13;
x = [1,3,7,-3,-4,5,-2,6,1];
x = [x, zeros(1, N - length(x))]; %将 x 长度扩展至 N
h = [1,-2,3,-2,1];
h = [h, zeros(1, N - length(h))]; %将 h 长度扩展至 N
m = [0:N-1];
hm = h(mod(-m,N) + 1); %将 h 循环折叠
H = toeplitz(hm,[0, h(2:N)]); %用 toeplitz 函数产生循环卷积矩阵
y = x * H; %用向量-矩阵乘法求卷积
[xk,w] = freqz(x,1,512,'whole');
[hk,w] = freqz(h,1,512,'whole');
[yk,w] = freqz(y,1,512,'whole');
yk1 = xk.*hk;
subplot(2,2,1); plot(w/pi,abs(yk));
title('循环卷积序列的幅值谱');
subplot(2,2,2); plot(w/pi,abs(yk1));
title('序列积的幅值谱');
subplot(2,2,3); plot(w/pi,angle(yk));
title('循环卷积序列的相位谱');
subplot(2,2,4); plot(w/pi,angle(yk1));
title('序列积的相位谱');
set(gcf,'color','w');
```

离散傅里叶变换的循环卷积性质如图 2-29 所示。

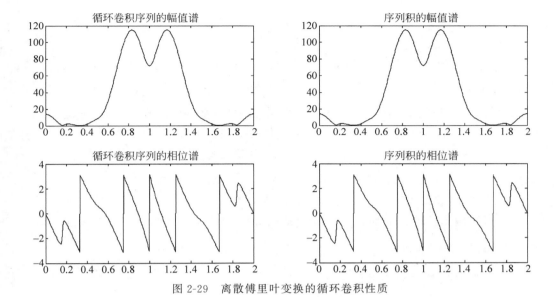

图 2-29　离散傅里叶变换的循环卷积性质

2.5.4　程序设计实验

已知序列 $x(n)=[1,2,3,4,5,6,7,8,9]$，$h(n)=[1,2,-3,-1,0,2,-2]$，试设计实验，观察这两个序列的 15 点循环卷积序列的幅值谱和相位谱。

思考题

归纳 DFT 的主要特性，并与 DTFT 进行对比。

2.6　快速傅里叶变换频谱分析

2.6.1　实验目的

（1）应用离散傅里叶变换的快速算法 FFT 分析信号的频谱。
（2）深刻理解应用 FFT 分析离散和连续信号的原理。
（3）理解 FFT 分析中频谱泄漏和栅栏效应的原因，掌握其解决方法。

2.6.2　实验原理

1. 离散周期信号频谱的分析

周期为 N 的离散信号（序列）$\tilde{x}(k)$ 的频谱函数 $\tilde{X}(m)$ 定义为

$$\tilde{X}(m) = \sum_{k=0}^{N-1} \tilde{x}(k) W_N^{km} \tag{2-5}$$

式中，N 为序列的周期；k 为离散的时间变量；m 为离散的频率变量；$2\pi m/N$ 为 m 次谐波的数字频率。

离散周期信号的频谱 $\tilde{X}(m)$ 也是周期为 N 的离散谱，谱线间隔为 $2\pi/N$。利用 MATLAB 提供的 fft 函数可以计算离散周期信号的频谱。对于离散周期序列，只需对周期序列上一个周期内的数值 $x(k)$ 进行 N 点的 FFT 运算，就可准确地得到其频谱在一个周期上的 N 个数值 $X(m) = \tilde{X}(m)$，$m \in [0, N-1]$。其分析步骤如下：

（1）确定离散周期序列 $\tilde{x}(k)$ 的基本周期为 N。

（2）利用 fft 函数对序列 $\tilde{x}(k)$ 一个周期内进行 N 点 FFT 计算，得到 $X(m)$。

（3）$\tilde{X}(m) = X(m)$。

2. 离散非周期信号频谱的分析

离散非周期信号 $x(k)$ 的频谱函数 $X(e^{j\Omega})$ 为 $X(e^{j\Omega}) = \sum_{k=-\infty}^{+\infty} x(k) e^{-jk\Omega}$。

利用 MATLAB 提供的 fft 函数可以计算离散非周期信号的频谱。当序列长度有限时，可以求得准确的序列频谱 $X(e^{j\Omega})$ 的样点值。若序列很长或无限长，则由于截短产生泄漏误差，计算的结果只能是序列频谱 $X(e^{j\Omega})$ 样点值的近似。分析步骤如下：

（1）确定序列 $x(k)$ 的长度 M 及窗函数的类型。当序列为无限长时，需要根据能量分布，利用窗函数进行截短。

（2）确定做 FFT 的点数 N。根据频域采样定理，为使时域波形不产生混叠，必须取 $N \geq M$。

（3）使用 fft 函数做 N 点 FFT 以计算 $X(m)$。

3. 连续周期信号频谱的分析

周期为 T_0 的连续时间信号 $\tilde{x}(t)$ 的频谱函数 $X(n\omega_0)$ 定义为

$$X(n\omega_0) = \frac{1}{T_0} \int_0^{T_0} \tilde{x}(t) e^{-jn\omega_0 t} \, dt \tag{2-6}$$

式中，T_0 为信号的周期；ω_0 为信号的基频（基波）；$n\omega_0$ 为信号的谐频。

连续周期信号的频谱 $X(n\omega_0)$ 是非周期离散谱，谱线间隔为 ω_0。连续周期信号的 DFT 分析方法增加了时域采样的环节。如果不满足采样定理的约束条件，将会出现频谱混叠现象。连续周期信号的分析步骤如下：

（1）确定周期信号的基本周期 T_0。

（2）计算一个周期内的采样点数 N。

（3）对连续周期信号以采样间隔 T 进行采样，$T = \dfrac{T_0}{N}$。

（4）使用 fft 函数对 $x(k)$ 做 N 点 FFT 以计算 $X(m)$。

（5）求得连续周期信号的频谱 $X(n\omega_0)$。

若能够按照满足采样定理的采样间隔采样，并选取整周期为信号允许长度，则利用 DFT 计算得到的离散频谱值等于原连续周期信号离散频谱 $X(n\omega_0)$ 的准确值。

4. 连续非周期信号频谱的分析

连续时间非周期信号 $x(t)$ 的频谱函数 $X(j\omega)$ 是连续谱，其定义为

$$X(j\omega) = \int_{-\infty}^{+\infty} x(t) e^{-j\omega t} \, dt \tag{2-7}$$

连续非周期信号的分析步骤如下：

（1）根据时域采样定理，确定时域采样间隔 T，得到离散序列 $x(k)$。

（2）确定信号截短的长度及窗函数的类型，得到有限长 M 点离散序列 $x_M(k) = x(k)w(k)$。

（3）确定频域采样点数 N，要求 $N \geqslant M$。

（4）使用 fft 函数做 N 点 FFT 计算得到 N 点的 $X(m)$。

（5）由 $X(m)$ 可得到连续信号的频谱 $X(j\omega)$ 采样点的近似值 $X(j\omega)\big|_{\omega = n\frac{2\pi}{NT}} \approx Tx(m)$。

5. 无限长序列频谱分析中的频谱泄漏和栅栏效应问题

用 FFT 对无限长序列的频谱进行计算，首先要将无限长序列截断为一个有限长序列。而序列长度的取值对频谱有较大的影响，带来的问题就是引起频谱的泄漏和波动。以频率为 f_0 的正弦信号截断为例说明。截断等于将正弦信号与一矩形窗函数在时域相乘，而在频域上则等于原信号频谱与窗函数频谱（sinc 函数）作卷积，由于 sinc 函数的旁瓣与主瓣的固有特点，因此被截断信号的频谱也由原来在 $\pm f_0$ 处单一的谱线变成了各有一主瓣外加若干旁瓣的连续谱形式。换言之，从能量的角度，原先集中于频率 $\pm f_0$ 处的功率现在分散到 $\pm f_0$ 附近一个很宽的频带上了，这一现象便称为"频率泄漏"效应。

除了频率泄漏问题，FFT 对无限长序列分析还会引起栅栏效应。由离散傅里叶变换过程的分析可知，被分析信号 $x(n)$ 的频谱 $X(f)$ 经离散傅里叶变换计算之后，所得的 N 根谱线的位置是在 $f_k = k\frac{1}{T} = k\frac{f_s}{N}(k = 0, 1, 2, \cdots)$ 的地方，亦即仅在基频 $\frac{1}{T}$ 的整数倍的频率点上才有其各个频率成分，所有那些位于离散谱线之间的频谱图形都得不到显示，不能知道其精确的值。换言之，若信号中某频率成分的频率 f_i 等于 $k\frac{1}{T}$，即它与输出的频率采样点相重合，那么该谱线便可被精确地显示出来；反之，若 f_i 与频率采样点不重合，便得不到显示，所得的频谱便会产生误差。上述现象称为栅栏效应。

2.6.3　实验内容与方法

1. 离散周期信号频谱的分析

例 2-6-1：已知一个周期序列 $x(k) = \sin\left(\dfrac{\pi}{16}k + \dfrac{\pi}{6}\right) + 0.5\cos\left(\dfrac{7\pi}{16}k\right)$，用 fft 函数计算其频谱。

MATLAB 程序如下：

```
N = 32; k = 0:N - 1;
x = sin(pi * k/16 + pi/6) + 0.5 * cos(7 * pi * k/16);
xk = fft(x, N);
subplot(2, 1, 1); stem(k - N/2, abs(fftshift(xk)));
axis([ - 16, 16, 0, 20]); xlabel('频谱特性'); ylabel('幅度');
set(gca, 'XTickMode', 'manual', 'XTick', [ - 16, - 7, - 1, 0, 1, 7, 16]);
subplot(2, 1, 2); stem(k - N/2, angle(fftshift(xk)));
axis([ - 16, 16, - 4, 4]); xlabel('频谱特性'); ylabel('相位');
set(gca, 'XTickMode', 'manual', 'XTick', [ - 16, - 7, - 1, 0, 1, 7, 16]);
set(gcf, 'color', 'w');
```

程序运行结果如图 2-30 所示。

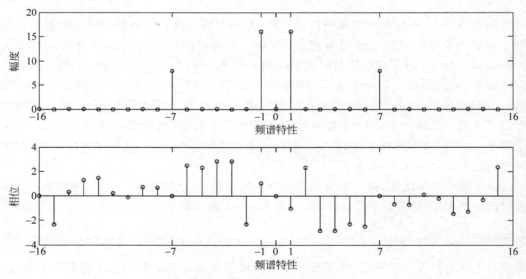

图 2-30　周期序列的幅度谱和相位谱

2. 离散非周期信号频谱的分析

例 2-6-2：利用 fft 函数分析序列 $x(k) = 0.7^k u(k)$ 的频谱。

分析可知信号为无限长，因此需要对其截短。该序列单调递减，当 $k \geqslant 32$ 时，序列几乎衰减为 0,因此只取序列在[0,32]上的数值进行分析。

MATLAB 程序如下：

```
k = 0:32;
x = 0.7.^k;
subplot(2,1,1);stem(k,x);
title('时域波形');
subplot(2,1,2);
w = k - 15;
plot(w,abs(fftshift(fft(x))));
xlabel('频谱特性');ylabel('幅度值');
set(gcf,'color','w');
```

程序运行结果如图 2-31 所示。

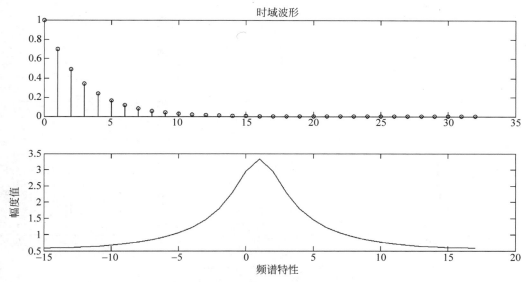

图 2-31　非周期信号的时域波形及其幅度频谱

3. 连续周期信号频谱分析

例 2-6-3：利用 fft 函数求解周期信号 $x(t)=2\sin(0.2\pi t)-5\cos(5\pi t)$ 的频谱。

信号最高角频率为 5πrad/s,因此采样周期必须小于 0.2s,选择 $T=0.02$s,$N=50$。为了表明采样点数对频率分辨率的影响,对 $N=1000$ 也进行了分析。

MATLAB 程序如下：

```
T = 0.02;
N1 = 50;n1 = 1:N1;
D1 = 2 * pi/(N1 * T);          %频率分辨率
x1 = 2 * sin(0.2 * pi * n1 * T) - 5 * cos(5 * pi * n1 * T); X1 = T * fftshift(fft(x1));
k1 = floor( - (N1 - 1)/2:(N1 - 1)/2);
N2 = 1000;n2 = 1:N2;
```

```
D2 = 2 * pi/(N2 * T);          % 频率分辨率
x2 = 2 * sin(0.2 * pi * n2 * T) - 5 * cos(5 * pi * n2 * T); X2 = T * fftshift(fft(x2));
k2 = floor( -(N2-1)/2:(N2-1)/2);
subplot(2,1,1);plot(k1 * D1,abs(X1));
xlabel('\Omega');ylabel('|X(\Omega)|');
title('(a)N = 50'); axis([ -200,200,0,2]);
subplot(2,1,2);plot(k2 * D2,abs(X2));
xlabel('\Omega');ylabel('|X(\Omega)|');
title('(b)N = 1000'); axis([ -20,20,0,60]);
set(gcf,'color','w');
```

程序运行结果如图 2-32 所示。从图中可见,当 $N = 50$ 时,分辨率不足,只能看到 3 个尖峰;当 $N = 1000$ 时,分辨率加大,显示有 4 个尖峰。

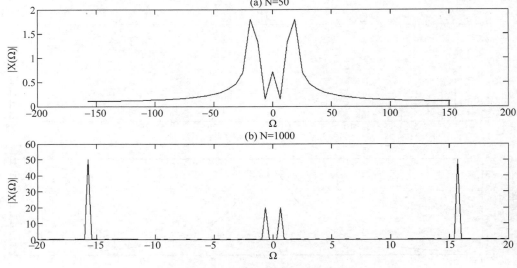

图 2-32　正余弦周期信号的频谱

4. 连续非周期信号频谱分析

例 2-6-4:利用 fft 函数分析序列 $x(t) = e^{-0.05t}u(t)$ 的频谱。

MATLAB 程序如下:

```
T0 = [2,1,0.1,0.1];
L0 = [10,10,20,40];
for r = 1:4
  T = T0(r);N = L0(r)/T0(r);
  D = 2 * pi/(N * T);
  n = 0:N-1;x = exp( -0.05 * n * T);
  X = T * fftshift(fft(x));
  k = floor( -(N-1)/2:(N-1)/2);
  [r,X(1)]
```

```
   subplot(2,2,r),plot(k * D,abs(X))
   set(gca,'Xtick',[ − pi/T, − 0.5 * pi/T,0.5 * pi/T,pi/T]),grid on
   set(gcf,'color','w')
   xlabel('\Omega'),ylabel('|X(\Omega)|')
   switch r
   case 1, title('T = 2,N = 5')
   case 2, title('T = 1,N = 10')
   case 3, title('T = 0.1,N = 200')
   case 4, title('T = 0.1,N = 400')
   otherwise
   end
   axis([ − 3,3,0,20])
  end
set(gcf,'color','w');
```

程序运行结果如图 2-33 所示。

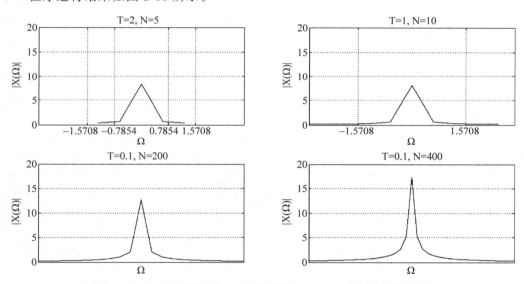

图 2-33　取不同采样周期 T 和数据长度 $L = T \times N$ 对频谱的影响

显然,在对连续信号进行频谱分析时,N 值越大,即序列保留越长,频率分辨率越高,曲线精度越高。

5. 频谱分析中的频谱泄漏和栅栏效应问题

例 2-6-5:利用 fft 函数求解连续信号 $x(t) = \mathrm{e}^{-0.01t}[\sin(2t) + \sin(2.1t) + \sin(2.2t)]$,$t \geqslant 0$ 的频谱。

该信号含有三个非常接近的正弦信号,为了将各频率成分区别开,在满足采样定理的调节下确定采样周期,选择三组数据,T_s 分别是 0.5s、0.25s 和 0.125s;再确定 N 值,分别选择 $N = 256$ 和 $N = 2048$。观察不同 T_s 和 N 的组合对频谱的影响。

MATLAB 程序如下:

```
T0 = [0.5, 0.25, 0.125, 0.125];
N0 = [256, 256, 256, 2048];
for r = 1:4
    Ts = T0(r); N = N0(r);
    D = 2 * pi/(N * Ts);
    n = 0:N - 1;
    xa = exp( - 0.01 * n * Ts). * (sin(2 * n * Ts) + sin(2.1 * n * Ts) + sin(2.2 * n * Ts));
    Xa = Ts * fftshift(fft(xa,N));
    k = floor( - (N - 1)/2:(N - 1)/2);
    [r,Xa(1)]
    subplot(2,2,r),plot(k * D,abs(Xa))
    xlabel('\Omega'),ylabel('|X(\Omega)|')
    switch r
    case 1, title('Ts = 0.5, N = 256')
    case 2, title('Ts = 0.25, N = 256')
    case 3, title('Ts = 0.125, N = 256')
    case 4, title('Ts = 0.125, N = 2048')
    otherwise
    end
    axis([1,3,1.1 * min(abs(Xa)),1.1 * max(abs(Xa))])
end
set(gcf,'color','w');
```

程序运行结果如图 2-34 所示。

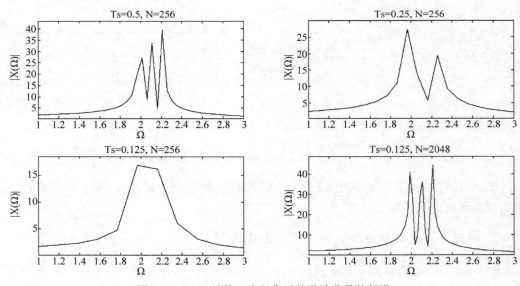

图 2-34　FFT 计算三个很靠近的谐波分量的频谱

分析图 2-34 可以得到如下结论：

(1) 如前三个图形，N 同样取 256，T_s 越大，时域信号的长度 $L = NT_s$ 保留得越长，则分辨率越高，频谱特性误差越小；反之，则分辨率越低，频谱特性误差越大，甚至丢失某些信号分量。

（2）当 T_s 相同时，如后两个图形所示，N 越大，在 $[0,2\pi]$ 等间隔抽样点数越多，且时域信号的长度 $L=NT_s$ 保留得越长，则分辨率越高，频谱特性误差越小；反之，N 越小，在 $[0,2\pi]$ 等间隔抽样点数越少，则有可能漏掉某些重要的信号分量，即所谓的栅栏效应。

2.6.4　程序设计实验

编写程序，进一步验证如何用 fft 函数分析 $x(t)=\mathrm{e}^{-2t}u(t)$ 的频谱。

思考题

1. 在利用 FFT 分析离散信号频谱时，应如何选择窗函数？会出现哪些误差？如何避免或减小这些误差？

2. 序列补零和增加序列长度可以都提高频谱分辨率吗？二者有何本质区别？

3. 既然可以直接利用傅里叶变换的定理来计算连续信号的傅里叶变换，为什么还要利用 FFT 分析连续信号的频谱？

2.7　信号的采样与恢复

2.7.1　实验目的

（1）验证采样定理。

（2）熟悉信号的采样与恢复过程。

（3）通过实验观察信号时域和频域的采样。

（4）掌握采样频率的确定方法。

2.7.2　实验原理

采样定理指出，一个有限带宽的连续信号 $f(t)$，其最高频率为 ω_m，经过等间隔采样后，只要采样频率 ω_s 不小于信号最高频率 ω_m 的 2 倍，即满足 $\omega_s \geqslant 2\omega_m$，就能从采样信号中恢复原信号。一般把最低的采样频率 $\omega_{s\min}=2\omega_m$ 称为奈奎斯特（Nyquist）采样频率。当 $\omega_s < 2\omega_m$ 时，采样信号的频谱将产生混叠现象，此时将无法恢复原信号。信号采样与恢复原理如图 2-35 所示。

图 2-35　信号采样与恢复的原理

通过原理框图可以看出，A/D转换环节是实现采样、量化、编码的过程，数字信号处理环节对得到的信号进行必要的处理；D/A转换环节是实现数/模转换，得到连续时间信号；低通滤波器的作用是滤除截止频率以外的信号，恢复与信号相比无失真的信号。

2.7.3　实验内容与方法

1. 信号的时域采样

例 2-7-1：用 MATLAB 实现以 $100\,\mathrm{Hz}$ 的频率对信号 $x(t)=\sin(10\pi t)+\cos(40\pi t)$ 进行采样，采样记录长度为 $0.5\mathrm{s}$。

MATLAB 程序如下：

```
t0 = 0:0.001:0.5;
x0 = cos(2 * pi * 20 * t0) + sin(2 * pi * 5 * t0);
plot(t0,x0,'r');
hold on;
fs = 100;
n = 0:1/fs:0.5;
x = cos(2 * pi * 20 * n) + sin(2 * pi * 5 * n);
stem(n,x);
hold off;
xlabel('t');ylabel('x(t)');
title('连续信号及其采样信号');
set(gcf,'color','w');
```

程序运行结果如图 2-36 所示。

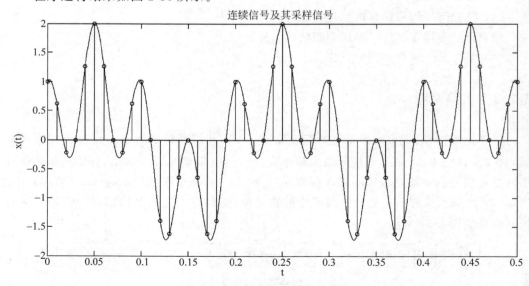

图 2-36　连续信号及其采样信号

2. 信号的频域采样

例 2-7-2：已知序列 $x[k]=[1,3,2,-5]$，$k=[0,1,2,3]$，对其频谱进行采样，分别取 $N=[2,3,4,5,6]$。观察频域采样造成的混叠现象。

MATLAB 程序如下：

```
x = [1,3,2, - 5];N = 256;
omega = [0:N - 1] * 2 * pi/N;
x0 = 1 + 3 * exp( - j * omega) + 2 * exp( - 2 * j * omega) - 5 * exp( - 3 * j * omega);
subplot(3,2,6);plot(omega./pi,abs(x0));
xlabel('\Omega/Pi');title('(f)N = 256');
N0 = [2,3,4,5,6];
for r = 1:5
  N = N0(r); x = [1,3,2, - 5];
  omega = [0:N - 1] * 2 * pi/N;
  xk = 1 + 3 * exp( - j * omega) + 2 * exp( - 2 * j * omega) - 5 * exp( - 3 * j * omega);
subplot(3,2,r);stem(omega./pi,abs(xk),'r','o');xlabel('\Omega/Pi');
  switch r
  case 1, title('(a)N = 2')
  case 2, title('(b)N = 3')
  case 3, title('(c)N = 4')
  case 4, title('(d)N = 5')
  case 5, title('(e)N = 6')
  otherwise
  end
end
set(gcf,'color','w');
```

程序运行结果如图 2-37 所示。

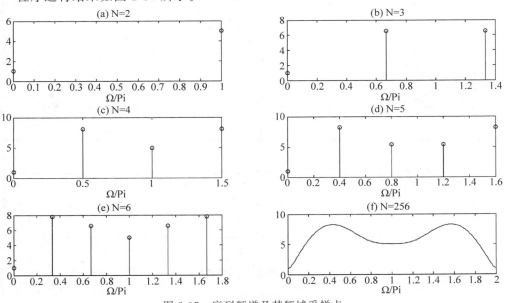

图 2-37　序列频谱及其频域采样点

从图中可见,只有当频率采样点数大于等于序列长度时,才不会出现频率的混叠现象。

3. 信号的采样与恢复

例 2-7-3:利用 MATLAB 实现对信号 $x(t) = \cos(40\pi t)$ 的采样和恢复,采样频率分别选择 100Hz 和 10Hz。

MATLAB 程序如下:

```
clf;
fs0 = [100,10];
for r = 1:2
  fs = fs0(r);f = 20;
n = (0:1/fs:1)';
xs = cos(2 * pi * f * n);
t = linspace( - 0.5,1.5,500)';
ya = sinc(fs * t(:,ones(size(n))) - fs * n(:,ones(size(t)))') * xs;
subplot(2,1,r);plot(n,xs,'o',t,ya);grid; xlabel('ms');ylabel('mag');
  switch r
  case 1, title('(a)fs = 100Hz')
  case 2, title('(b)fs = 10Hz')
  otherwise
  end
axis([0,0.2, - 1,2]);
  end
set(gcf,'color','w');
```

程序运行结果如图 2-38 所示。

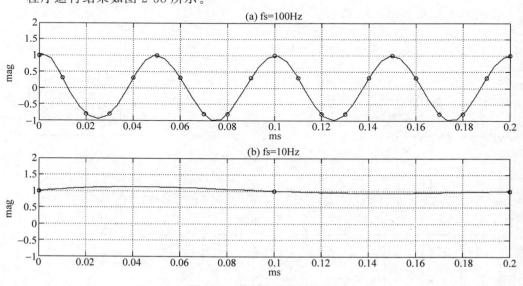

图 2-38 信号的采样和恢复

从图 2-38 中可见，只有当采样频率大于或等于信号最高频率的 2 倍时，才能由采样信号恢复出原信号；否则，不能恢复原信号。

2.7.4 程序设计实验

设计一个模拟信号 $x(t) = \sin(2\pi ft + \pi/2)$，设采样频率为 5kHz，对 $f = 300\mathrm{Hz}$ 和 3kHz 两种情况进行采样和恢复。

思考题

1. 在实验报告中写出完整的自编程序，并给出实验结果，分析一个 200Hz 的方波信号，采样频率为 500Hz，用谱分析功能观察其频谱的混叠现象，思考为什么产生混叠。
2. 在时域采样定理中，为什么要求被采样信号必须是带限信号？
3. 序列补零和增加序列长度可以都提高频谱分辨率吗？二者有何本质区别？

2.8 随机信号相关分析及功率谱分析

2.8.1 实验目的

(1) 掌握信号自相关函数、互相关函数的计算及应用方法。
(2) 了解功率谱的计算方法及其应用。

2.8.2 实验原理

1. 随机信号分析

随机信号和确定性信号是两类完全不同的信号，对它们的描述、分析和处理方法也不相同。随机信号是不能用确定的数学关系式来描述的，无法预测未来某时刻精确值的信号，也无法用实验的方法重复再现。随机信号分为平稳随机信号和非平稳随机信号两类。平稳随机信号又分为各态历经和非各态历经过程，我们在实际中接触到的随机信号大多数都具有各态历经特性。

对于各态历经的随机信号，其一个样本的统计特征代表了随机过程的总体，使得研究大大简化。在对随机信号进行时间域分析时，常常利用相关函数来描述随机信号的关系。在进行频域分析时，由于随机信号在时间上是无限的，其能量也是无限的，其傅里叶变换不存在。但由于所分析的随机信号功率有限，可以用功率谱密度来描述随机信号的频域特征，可以利用自相关函数的傅里叶变换计算其功率谱。

2. 自相关函数和互相关函数

对于随机信号 $x(t)$，自相关函数为

$$R_x(\tau) = E[x(t)x(t+\tau)] = \lim_{T \to +\infty} \frac{1}{T} \int_0^T x(t)x(t+\tau)\mathrm{d}t \tag{2-8}$$

其中，τ 为时移。

对于离散随机序列 $x(n)$，其自相关函数为

$$R_x(m) = E[x(n)x(n+m)] = \lim_{N \to +\infty} \frac{1}{N} \sum_{n=0}^{N-1} x(n)x(n+m) \tag{2-9}$$

其中，m 为延迟。

对于不同随机信号 $x(t)$、$y(t)$，互相关函数为

$$R_{xy}(\tau) = E[x(t)y(t+\tau)] = \lim_{T \to +\infty} \frac{1}{T} \int_0^T x(t)y(t+\tau)\mathrm{d}t \tag{2-10}$$

其中，τ 为时移。

对于离散随机序列 $x(n)$、$y(n)$，互相关函数为

$$R_{xy}(m) = E[x(n)y(n+m)] = \lim_{N \to +\infty} \frac{1}{N} \sum_{n=0}^{N-1} x(n)y(n+m) \tag{2-11}$$

在 MATLAB 信号处理工具箱中提供了计算随机信号相关函数 xcorr，可以用来计算随机序列的自相关和互相关函数，具体用法参考 MATLAB 的帮助文件。

3. 自功率谱和互功率谱

随机信号 $x(t)$ 的自功率谱 $S_x(f)$ 定义为其自相关函数 $R_x(\tau)$ 的傅里叶变换，即

$$S_x(f) = \int_{-\infty}^{+\infty} R_x(\tau) \mathrm{e}^{-\mathrm{j}2\pi f\tau} \mathrm{d}\tau \tag{2-12}$$

自功率谱 $S_x(f)$ 包含 $R_x(\tau)$ 的全部信息。若随机信号中含有某种频率成分，可以从自功率谱中看出。

对于离散随机序列 $x(n)$，自功率谱 $S_x(f)$ 和自相关函数 $R_x(m)$ 的关系为

$$S_x(f) = \sum_{m=-\infty}^{+\infty} R_x(m) \mathrm{e}^{-\mathrm{j}2\pi fm T_s} \tag{2-13}$$

其中，T_s 为数据采样周期。

与自功率谱类似，对于不同随机信号 $x(t)$、$y(t)$ 的互相关频率特性可用互功率谱密度来描述，定义如下：

$$S_{xy}(f) = \int_{-\infty}^{+\infty} R_{xy}(\tau) \mathrm{e}^{-\mathrm{j}2\pi f\tau} \mathrm{d}\tau \tag{2-14}$$

对于离散随机序列 $x(n)$、$y(n)$，互功率谱 $S_{xy}(f)$ 和自相关函数 $R_{xy}(m)$ 的关系为

$$S_{xy}(f) = \sum_{m=-\infty}^{+\infty} R_{xy}(m) \mathrm{e}^{-\mathrm{j}2\pi fm T_s} \tag{2-15}$$

实际工程中随机序列长度为有限长,因此利用有限长随机序列计算的自功率谱密度和互功率谱密度只是真实值的一种估计。功率谱估计的方法可分为参数估计和非参数估计两类。MATLAB 中非参数估计法有周期图法、WELCH 法、MUSIC 法等,参数估计法有 MEM 法等。

对随机信号进行的功率谱分析,周期图法是最常用的方法。它是直接将信号的采样数据 $x(n)$ 进行傅里叶变换求取功率谱密度估计的方法。对于有限长随机信号序列 $x(n)$,其傅里叶变换和功率谱密度估计 $\hat{S}_x(f)$ 存在如下关系:

$$\hat{S}_x(f) = \frac{1}{N} |x(f)|^2$$

其中,N 为随机序列的长度。对上式的离散化后,可得

$$\hat{S}_x(k) = \frac{1}{N} | \text{FFT}[x(n)] |^2, \quad k = 0, 1, \cdots, N-1 \qquad (2\text{-}16)$$

式中,$\text{FFT}[x(n)]$ 为序列的傅里叶变换,其周期为 N,求得的功率谱估计以 N 为周期,故称这种方法为周期图法。

2.8.3 实验内容与方法

1. 信号的相关分析

例 2-8-1:用 MATLAB 分别求出带有白噪声干扰的频率为 10Hz 的正弦信号和白噪声信号的自相关函数,并进行比较。

MATLAB 程序如下:

```
clf; N = 1000; Fs = 500;                          % 数据长度和采样频率
n = 0:N-1;t = n/Fs;                               % 时间序列
Lag = 100;                                        % 延迟样点数
randn('state',0);                                 % 设置产生随机数的初始状态
x = sin(2 * pi * 10 * t) + 0.6 * randn(1,length(t));  % 原始信号
[c,lags] = xcorr(x,Lag,'unbiased');               % 对原始信号进行无偏自相关估计
subplot(2,2,1),plot(t,x,'k');                     % 绘制原始信号 x
xlabel('时间/s');ylabel('x(t)');title('带噪声周期信号');grid on;
subplot(2,2,2);plot(lags/Fs,c,'k');              % 绘制 x 信号自相关,lags/Fs 为时间序列
xlabel('时间/s');ylabel('Rx(t)');
title('带噪声周期信号的自相关');grid on;
                                                  % 信号 x1
x1 = randn(1,length(x));                          % 产生一与 x 长度一致的随机信号
[c,lags] = xcorr(x1,Lag,'unbiased');             % 求随机信号 x1 的无偏自相关
subplot(2,2,3),plot(t,x1,'k');                    % 绘制随机信号 x1
xlabel('时间/s');ylabel('x1(t)');title('噪声信号');
grid on;
subplot(2,2,4);plot(lags/Fs,c,'k');              % 绘制随机信号 x1 的无偏自相关
xlabel('时间/s');ylabel('Rx1(t)');
title('噪声信号的自相关');
```

```
grid on;
```

程序运行结果如图 2-39 所示。

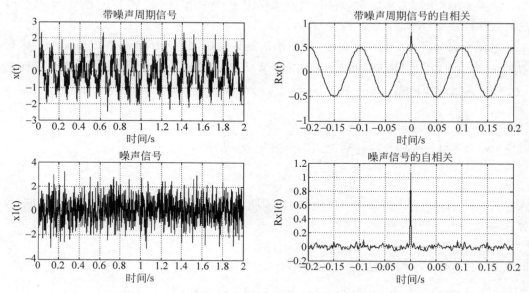

图 2-39   具有白噪声的周期信号和噪声信号的自相关函数

从图 2-39 可知,含有周期成分和噪声成分的自相关函数在 $t=0$ 时具有最大值,且在 t 较大时仍具有明显的周期性,其频率和周期信号相同;而不含周期成分的纯噪声信号在 $t=0$ 时具有最大值,且在 t 稍大时很快衰减到 0。自相关函数这一性质可用来识别随机信号中是否含有周期成分并用于确定所含周期成分的频率。

例 2-8-2: 已知两个周期信号 $x(t)=\sin(2\pi ft)$, $y(t)=0.5\sin(2\pi ft+\pi/2)$,其中 $f=10\mathrm{Hz}$,求互相关函数 $R_{xy}(\tau)$。

MATLAB 程序如下:

```
clf;N = 1000; Fs = 500;                        % 数据长度和采样频率
n = 0:N−1;t = n/Fs;                            % 时间序列
Lag = 200;                                     % 最大延迟单位
x = sin(2 * pi * 10 * t);                      % 周期信号 x
y = 0.5 * sin(2 * pi * 10 * t + 90 * pi/180);  % 与 x 有 90°相移的信号 y
[c,lags] = xcorr(x,y,Lag,'unbiased');          % 求无偏互相关
subplot(2,1,1);plot(t,x,'k');                  % 绘制 x 信号
hold on;plot(t,y,':k');                        % 在同一幅图中绘制 y 信号
legend('x 信号', 'y 信号')
xlabel('时间/s');ylabel('x(t) y(t)');
title('原始信号');grid on;
hold off
subplot(2,1,2),plot(lags/Fs,c,'k');            % 绘制 x,y 的互相关
xlabel('时间/s');ylabel('Rxy(t)');
title('信号 x 和 y 的相关');grid on;
```

程序运行结果如图 2-40 所示。

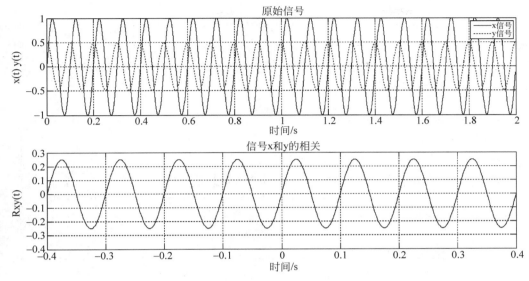

图 2-40 原始信号 x、y 及其互相关函数

由图 2-40 可知，$R_{xy}(t)$ 也是周期为 10 Hz 的正弦信号，其幅值为 0.25。由此可知，两个均值为零且具有相同频率的周期信号，其相关函数保留原信号频率信息。

2. 信号的功率谱分析

例 2-8-3：用周期图法求信号 $x(t) = \sin(2\pi \times 50t) + 2\sin(\pi \times 100t) + w(t)$ 的功率谱，其中 $w(t)$ 为白噪声，采样频率为 1000 Hz。信号长度分别为 $N = 256$，$N = 1024$。

MATLAB 程序如下：

```
clf;Fs = 1000;                                    % 采样频率
% 第一种情况：N = 256
N = 256;Nfft = 256;                               % 数据长度和 FFT 所用的数据长度
n = 0:N-1;t = n/Fs;                               % 时间序列
xn = sin(2 * pi * 50 * t) + 2 * sin(2 * pi * 120 * t) + randn(1,N); % 带有噪声的信号
Pxx = 10 * log10(abs(fft(xn,Nfft).^2)/N);         % 傅里叶振幅谱平方的平均值,并转换为 dB
f = (0:length(Pxx) - 1) * Fs/length(Pxx);         % 给出频率序列
subplot(2,1,1),plot(f,Pxx,'k');                   % 绘制功率谱曲线
xlabel('频率/Hz');ylabel('功率谱/dB');
title('周期图 N = 256');grid on;
% 第二种情况：N = 1024
N = 1024;Nfft = 1024;                             % 数据长度和 FFT 所用数据长度
n = 0:N-1;t = n/Fs;                               % 时间序列
xn = sin(2 * pi * 50 * t) + 2 * sin(2 * pi * 120 * t) + randn(1,N); % 带有噪声原始信号
Pxx = 10 * log10(abs(fft(xn,Nfft).^2)/N);         % 傅里叶振幅谱平方的平均值,并转换为 dB
f = (0:length(Pxx) - 1) * Fs/length(Pxx);         % 频率序列
subplot(2,1,2),plot(f,Pxx,'k');                   % 绘制功率谱曲线
```

```
xlabel('频率/Hz');ylabel('功率谱/dB');
title('周期图 N = 1024');grid on;
```

程序运行结果如图 2-41 所示。可以看出,在频率 50Hz 和 120Hz 处,功率谱有两个峰值,说明信号中含有 50Hz、120Hz 两种频率成分。对比 $N=256$ 和 $N=1024$ 两种情况,功率谱密度在很大范围内波动,并没有因为信号取样点数的增加而明显改进。注意本例子中 500Hz 为 Nyquist 频率。

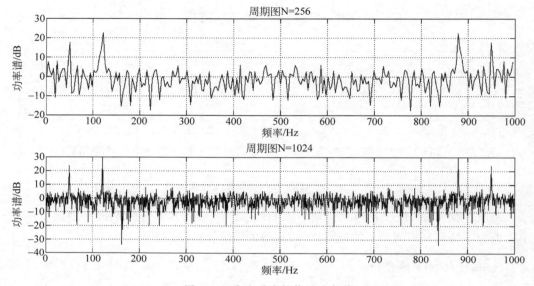

图 2-41　含有噪声的信号功率谱

利用有限长样本序列的傅里叶变换来表示随机序列的功率谱,只是一种估计或近似,不可避免存在误差。为了减少误差,使功率谱估计更加平滑,可采用分段平均周期图法(Bartlett 法)、加窗平均周期图法等加以改进。

2.8.4　程序设计实验

1. 对两个具有 0.2s 时移的 sinc 信号,用互相关函数计算时移的大小。

2. 借助 MATLAB 的帮助文件,利用加窗平均周期图法(Welch 法)重新计算例 2-8-3。

思考题

1. 对比随机信号分析与确定性信号分析的不同点。

2. 利用加窗平均周期图法提高信号功率谱估计精度的本质是什么?

2.9 无限冲激响应数字滤波器的设计

2.9.1 实验目的

（1）加深理解无限冲激响应（IIR）数字滤波器的时域和频率特性。

（2）掌握 IIR 数字滤波器的设计原理与设计方法，以及 IIR 数字滤波器的应用。

2.9.2 实验原理

IIR 数字滤波器一般为线性移不变的因果离散系统，N 阶 IIR 数字滤波器可以表达为如下的有理多项式，即

$$H(z) = \frac{\sum_{j=0}^{M} b_j z^{-j}}{1 + \sum_{i=1}^{N} a_i z^{-i}} \tag{2-17}$$

式中，系数 a_i 至少一个为非零。对于因果 IIR 数字滤波器，应满足 $M \leqslant N$。

IIR 数字滤波器的设计主要通过成熟的模拟滤波器设计方法来实现。常用的方法有脉冲响应法和双线性变换法。

MATLAB 信号处理工具箱中提供了 IIR 滤波器设计的函数，下面分别介绍这些常用的设计函数。

1. 巴特沃思数字滤波器设计

（1）巴特沃思（Butterworth）滤波器是通带、阻带都单调衰减的滤波器。调用 buttord 函数可以确定巴特沃思滤波器的阶数，其格式为

```
[N, Omegac] = buttord(Omegap, Omegas, Rp, As,'s')
```

其中，输入参数 Rp、As 分别为通带最大衰减和阻带最小衰减，以 dB 为单位；Omegap、Omegas 分别为通带截止频率和阻带截止频率；'s'说明所设计的是模拟滤波器。输出参数 N 为滤波器的阶数，Omegac 为 3dB 截止频率。

（2）调用归一化巴特沃思模拟原型滤波器函数，其格式为

```
[z0, p0,k0] = buttap(N)
```

其中，只要输入巴特沃思滤波器的阶数，它就可以返回零点和极点数组 z0、p0 以及增益 k0。当需要具有任意 Omegac 未归一化的巴特沃思滤波器时，就要用 Omegac 乘以 p0 或 k0 来进行归一化。

（3）调用脉冲响应不变法或双线性变换法来设计巴特沃思数字滤波器的函数，其格式分别如下：

脉冲响应不变法：[bd,ad]＝impinvar(b,a,Fs)。

其中，b为模拟滤波器分子系数向量；a为模拟滤波器分母系数向量；Fs为采样频率；bd为数字滤波器的分子多项式系数；ad为数字滤波器的分母多项式系数。

双线性变换法：[bd,ad]＝bilinear(b,a,Fs)，参数含义与impinvar一致。

2. 切比雪夫Ⅰ型数字滤波器设计

切比雪夫(Chebyshev)Ⅰ型滤波器为通带纹波控制器，在通带呈现纹波特性，在阻带单调衰减。其格式为

```
[N, Omegac] = cheb1ord(Omegap, Omegas, Rp, As,'s')
[z0, p0,k0] = cheb1ap(N, Rp)
```

参数含义与buttord和buttap中一致。

3. 切比雪夫Ⅱ型数字滤波器设计

切比雪夫Ⅱ型滤波器为阻带纹波滤波，在阻带呈现纹波特性，在通带单调衰减。其格式为

```
[N, Omegac] = cheb2ord(Omegap, Omegas, Rp, As,'s')
[z0, p0,k0] = cheb2ap(N, Rp)
```

其参数含义同上。

4. 椭圆型数字滤波器设计

椭圆型数字滤波器通带和阻带都呈现纹波特性。

```
[N, Omegac] = ellipord(Omegap, Omegas, Rp, As,'s')
[z0, p0,k0] = ellipap(N, Rp)
```

其参数含义同上。

2.9.3　实验内容与方法

例 2-9-1：利用脉冲响应不变法设计巴特沃思数字低通滤波器，其中滤波器的技术指标如下：$\omega_p=0.4\pi$，$R_p=0.5$dB，$\omega_s=0.6\pi$，$A_s=50$dB，滤波器的采样频率为1kHz。

MATLAB程序如下：

```
wp = 0.4 * pi; % 数字通带频率(Hz)
ws = 0.6 * pi; % 数字阻带频率(Hz)
Rp = 0.5; % 通带波动(dB)
As = 50; % 阻带波动(dB)
Fs = 1000; % 置 Fs = 1000
OmegaP = wp * Fs; % 原型通带频率
OmegaS = ws * Fs; % 原型阻带频率
ep = sqrt(10^(Rp/10) - 1); % 通带波动参数
```

```
Ripple = sqrt(1/(1 + ep * ep));  % 通带波动
Attn = 1/(10^(As/20));  % 阻带衰减
% 模拟巴特沃思原型滤波器计算:
[N, OmegaC] = buttord(OmegaP, OmegaS, Rp, As, 's');  % 原型的阶数和截止频率计算
[z0, p0, k0] = buttap(N);  % 归一化巴特沃思原型设计函数
p = p0 * OmegaC; z = z0 * OmegaC;
% 将零极点乘以 Omegac, 得到非归一化零极点
k = k0 * OmegaC^N;  % 将 k0 乘以 Omegac^N, 得到非归一化 k
ba = k * real(poly(z));  % 由零点计算分子系数向量
aa = real(poly(p))  % 由极点计算分母系数向量
[bd, ad] = impinvar(ba, aa, Fs);  % 调用脉冲响应不变法函数
% 检验频率响应
[H, w] = freqz(bd, ad, 1000, 'whole');  % 计算数字系统频率响应
H = (H(1:1:501))'; w = (w(1:1:501))';  % 取其前一半, 并化为列向量
mag = abs(H);  % 求其幅特性
db = 20 * log10((mag + eps)/max(mag));  % 化为分贝值
pha = angle(H);  % 求其相特性
grd = grpdelay(bd, ad, w);  % 求其群迟延特性
subplot(2, 2, 1); plot(w/pi, mag); title('幅度响应')
xlabel(''); ylabel('|H|'); axis([0, 1, 0, 1.1])
set(gca, 'XTickMode', 'manual', 'XTick', [0, 0.4, 0.6, 1]); grid on;  % 画刻度线
set(gca, 'YTickmode', 'manual', 'YTick', [0, Attn, Ripple, 1]);
subplot(2, 2, 3); plot(w/pi, db); title('幅度');
xlabel('频率(单位:pi)'); ylabel('单位:dB'); axis([0, 1, -100, 50]);
set(gca, 'XTickMode', 'manual', 'XTick', [0, 0.4, 0.6, 1]);  % 画刻度线
set(gca, 'YTickmode', 'manual', 'YTick', [-100, -50, 0, 50]); grid on;
subplot(2, 2, 2); plot(w/pi, pha/pi); title('相位响应');
xlabel(''); ylabel('单位:pi'); axis([0, 1, -1, 1]);
set(gca, 'XTickMode', 'manual', 'XTick', [0, 0.4, 0.6, 1]);  % 画刻度线
set(gca, 'YTickmode', 'manual', 'YTick', [-1, 0, 1]); grid on;
subplot(2, 2, 4); plot(w/pi, grd); title('群延迟')
xlabel('频率(单位:pi)'); ylabel('样本'); axis([0, 1, 0, 20])
set(gca, 'XTickMode', 'manual', 'XTick', [0, 0.4, 0.6, 1]);  % 画刻度线
set(gca, 'YTickmode', 'manual', 'YTick', [0:2:20]); grid on;
set(gcf, 'color', 'w')  % 置图形背景色为白
```

程序运行结果如图 2-42 所示。

例 2-9-2：按照例 2-9-1 的技术指标，即 $\omega_p = 0.4\pi, R_p = 0.5\text{dB}, \omega_s = 0.6\pi, A_s = 50\text{dB}$，采样频率为 1kHz。利用脉冲响应不变法设计切比雪夫 I 型数字低通滤波器。

MATLAB 程序如下：

```
% 数字滤波器指标
wp = 0.4 * pi;
ws = 0.6 * pi;
Rp = 0.5;
As = 50;
Fs = 1000;
OmegaP = wp * Fs;
```

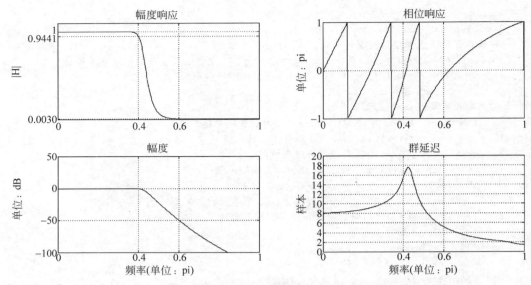

图 2-42　用脉冲响应不变法设计的巴特沃思数字低通滤波器的频率特性

```
OmegaS = ws * Fs;
ep = sqrt(10^(Rp/10) − 1);
Ripple = sqrt(1/(1 + ep * ep));
Attn = 1/(10^(As/20));
[N, OmegaC] = cheb1ord(OmegaP, OmegaS, Rp, As, 's');
[z0, p0, k0] = cheb1ap(N, Rp);
p = p0 * OmegaC; z = z0 * OmegaC;
k = k0 * OmegaC^N;
ba = k * real(poly(z));
aa = real(poly(p))
[bd, ad] = impinvar(ba, aa, Fs)
[H, w] = freqz(bd, ad, 1000, 'whole');
H = (H(1:1:501))'; w = (w(1:1:501))';
mag = abs(H);
db = 20 * log10((mag + eps)/max(mag));
pha = angle(H);
grd = grpdelay(bd, ad, w);
subplot(2, 2, 1); plot(w/pi, mag); title('幅度响应')
ylabel('|H|'); axis([0, 1, 0, 1.1]);
set(gca, 'XTickMode', 'manual', 'XTick', [0, 0.4, 0.6, 1]);grid;
set(gca, 'YTickmode', 'manual', 'YTick', [0, Attn, Ripple, 1]);
subplot(2, 2, 3); plot(w/pi, db); title('幅度');
xlabel('频率(单位:pi)'); ylabel('单位:dB');
set(gca, 'XTickMode', 'manual', 'XTick', [0, 0.4, 0.6, 1]);
set(gca, 'YTickmode', 'manual', 'YTick', [−100, −50, 0, 50]); grid on;
subplot(2, 2, 2); plot(w/pi, pha/pi); title('相位响应');
ylabel('单位:pi'); axis([0, 1, −1, 1]);
set(gca, 'XTickMode', 'manual', 'XTick', [0, 0.4, 0.6, 1]);
set(gca, 'YTickmode', 'manual', 'YTick', [−1, 0, 1]); grid on;
```

```
subplot(2,2,4); plot(w/pi,grd); title('群延迟')
xlabel('频率(单位:pi)'); ylabel('样本'); axis([0,1,0,22])
set(gca,'XTickMode','manual','XTick',[0,0.4,0.6,1]);
set(gca,'YTickmode','manual','YTick',[0:2:20]); grid on;
set(gcf,'color','w');
```

程序运行结果如图 2-43 所示。

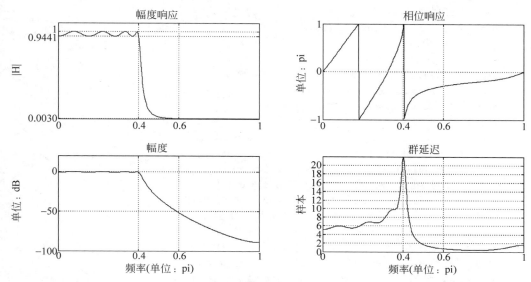

图 2-43　用脉冲响应不变法设计的切比雪夫Ⅰ型数字低通滤波器的频率特性

例 **2-9-3**：按照例 2-9-1 的技术指标，即 $\omega_p = 0.4\pi, R_p = 0.5\text{dB}, \omega_s = 0.6\pi, A_s = 50\text{dB}$，采样频率为 1kHz。利用双线性变换法设计巴特沃思数字低通滤波器。

MATLAB 程序如下：

```
% 数字滤波器指标
wp = 0.4 * pi;
ws = 0.6 * pi;
Rp = 0.5;
As = 50;
Fs = 1000; T = 1/Fs;
OmegaP = (2/T) * tan(wp/2);
OmegaS = (2/T) * tan(ws/2);
ep = sqrt(10^(Rp/10) - 1);
Ripple = sqrt(1/(1 + ep * ep));
Attn = 1/(10^(As/20));
[N,OmegaC] = buttord(OmegaP,OmegaS,Rp,As,'s');
[z0,p0,k0] = buttap(N);
p = p0 * OmegaC; z = z0 * OmegaC;
k = k0 * OmegaC^N;
ba0 = real(poly(z0));ba0 = k0 * ba0
aa0 = real(poly(p0))
```

```
ba = real(poly(z));ba = k * ba
aa = real(poly(p))
[bd,ad] = bilinear(ba,aa,Fs);
[bd1,ad1] = bilinear(ba0,aa0,Fs/OmegaC);
figure(1); subplot(1,1,1)
[H,w] = freqz(bd,ad,1000,'whole');
H = (H(1:1:501))'; w = (w(1:1:501))';
mag = abs(H);
db = 20 * log10((mag + eps)/max(mag));
pha = angle(H);
grd = grpdelay(bd,ad,w);
subplot(2,2,1); plot(w/pi,mag); title('幅度响应')
ylabel('|H|'); axis([0,1,0,1.1]);
set(gca,'XTickMode','manual','XTick',[0,0.4,0.6,1]);
grid on;
set(gca,'YTickmode','manual','YTick',[0,Attn,Ripple,1]);
subplot(2,2,3); plot(w/pi,db); title('幅度');
xlabel('频率(单位:pi)'); ylabel('单位:dB');axis([0,1,-100,50]);
set(gca,'XTickMode','manual','XTick',[0,0.4,0.6,1]);
set(gca,'YTickmode','manual','YTick',[-100,-50,0,50]); grid on;
subplot(2,2,2); plot(w/pi,pha/pi); title('相位响应');
ylabel('单位:pi '); axis([0,1,-1,1]);
set(gca,'XTickMode','manual','XTick',[0,0.4,0.6,1]);
set(gca,'YTickmode','manual','YTick',[-1,0,1]); grid on;
subplot(2,2,4); plot(w/pi,grd); title('群延迟')
xlabel('频率(单位:pi)'); ylabel('样本'); axis([0,1,0,20])
set(gca,'XTickMode','manual','XTick',[0,0.4,0.6,1]);
set(gca,'YTickmode','manual','YTick',[0:2:20]); grid on;
set(gcf,'color','w')
```

程序运行结果如图 2-44 所示。

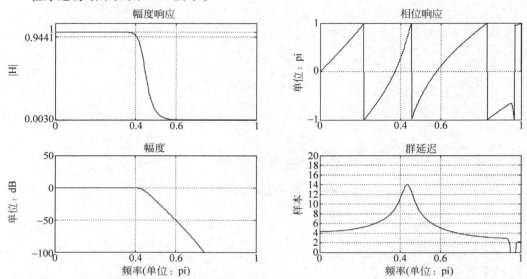

图 2-44 用双线性变换法设计的巴特沃思数字低通滤波器的频率特性

例 2-9-4：按照例 2-9-1 的技术指标，即 $\omega_p = 0.4\pi, R_p = 0.5\mathrm{dB}, \omega_s = 0.6\pi, A_s = 50\mathrm{dB}$，采样频率为 1kHz。利用双线性变换法设计切比雪夫 I 型数字低通滤波器。

MATLAB 程序如下：

```
% 数字滤波器指标
    wp = 0.4 * pi;
    ws = 0.6 * pi;
    Rp = 0.5;
    As = 50;
    T = 0.001; Fs = 1/T;
    OmegaP = (2/T) * tan(wp/2);
    OmegaS = (2/T) * tan(ws/2);
    ep = sqrt(10^(Rp/10) - 1);
    Ripple = sqrt(1/(1 + ep * ep));
    Attn = 1/(10^(As/20));
    [N,OmegaC] = cheb1ord(OmegaP,OmegaS,Rp,As,'s');
    [z0,p0,k0] = cheb1ap(N,Rp);
    ba0 = k0 * real(poly(z0));
    aa0 = real(poly(p0))
    [bd,ad] = bilinear(ba0,aa0,Fs/OmegaC);
    [sos,G] = tf2sos(bd,ad)
    figure(1); subplot(1,1,1)
    [H,w] = freqz(bd,ad,1000,'whole');
    H = (H(1:1:501))'; w = (w(1:1:501))';
    mag = abs(H);
    db = 20 * log10((mag + eps)/max(mag));
    pha = angle(H);
    grd = grpdelay(bd,ad,w);
    subplot(2,2,1); plot(w/pi,mag); title('幅度响应')
    ylabel('|H|'); axis([0,1,0,1.1]);
    set(gca,'XTickMode','manual','XTick',[0,0.4,0.6,1]);
    grid on;
    set(gca,'YTickmode','manual','YTick',[0,Attn,Ripple,1]);
    subplot(2,2,3); plot(w/pi,db); title('幅度');
    xlabel('频率(单位:pi)'); ylabel('单位:dB');axis([0,1,-100,50]);
    set(gca,'XTickMode','manual','XTick',[0,0.4,0.6,1]);
    set(gca,'YTickmode','manual','YTick',[-100,-50,0,50]); grid on;
    subplot(2,2,2); plot(w/pi,pha/pi); title('相位响应');
    ylabel('单位:pi'); axis([0,1,-1,1]);
    set(gca,'XTickMode','manual','XTick',[0,0.4,0.6,1]);
    set(gca,'YTickmode','manual','YTick',[-1,0,1]); grid on;
    subplot(2,2,4); plot(w/pi,grd); title('群延迟')
    xlabel('频率(单位:pi)'); ylabel('样本'); axis([0,1,0,20])
    set(gca,'XTickMode','manual','XTick',[0,0.4,0.6,1]);
    set(gca,'YTickmode','manual','YTick',[0:2:20]); grid on;
    set(gcf,'color','w')
```

程序运行结果如图 2-45 所示。

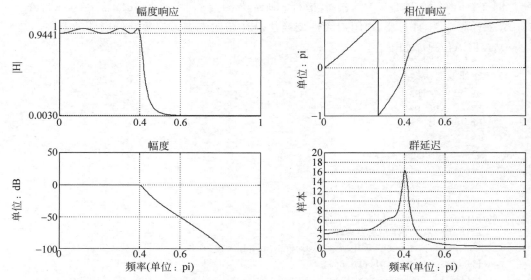

图 2-45　用双线性变换法设计的切比雪夫 Ⅰ 型数字低通滤波器的频率特性

2.9.4　程序设计实验

利用双线性变换法,设计切比雪夫 Ⅱ 型数字低通滤波器,滤波器的技术指标如下:
$\omega_p = 0.4\pi, R_p = 0.3\text{dB}, \omega_s = 0.8\pi, A_s = 55\text{dB}$,采样频率为 1kHz。

思考题

1. 哪些主要因素能直接影响 IIR 数字滤波器的阶数?
2. 脉冲响应不变法和双线性变换法的基本思想有什么不同? 优缺点是什么?
3. IIR 滤波器无法实现线性相位,如何对 IIR 数字滤波器进行相位补偿?

2.10　有限冲激响应数字滤波器的设计

2.10.1　实验目的

(1) 加深理解有限冲激响应(FIR)数字滤波器的时域和频率特性。
(2) 掌握 FIR 数字滤波器的设计原理与设计方法,以及 FIR 数字滤波器的应用。

2.10.2　实验原理

FIR 数字滤波器总是稳定的系统,可以设计成具有线性相位的系统,因此在数据通信、图像处理、语音信号处理等领域得到广泛应用。N 阶 FIR 数字滤波器的转移函数为：$H(z) = \sum\limits_{n=0}^{N-1} h(n) z^{-n}$，系统的单位脉冲响应 $h(n)$ 是长度为 N 的有限长因果序列。当满足 $h(n) = h(N-n-1)$ 的对称条件时，该 FIR 数字滤波器具有线性相位。FIR 数字滤波器的设计方法主要有窗函数法和频率采样法。

1. 窗函数法

FIR 滤波器的冲激响应就是系统函数各次项的系数，所以设计 FIR 滤波器的方法之一就是：从时域出发，截取有限长的一段冲激响应作为 $H(z)$ 系数，冲激响应长度 N 就是系统函数 $H(z)$ 的阶数。只要 N 足够大，并且截取的方法合理，总能满足频域的要求，这就是 FIR 滤波器的窗函数设计法。

2. 频率采样法

频域采样法是先对理想频响 $H_d(e^{j\omega})$ 进行采样，得到样值 $H(k)$，再利用插值公式直接求出系统转换函数 $H(z)$；或者求出频响 $H(e^{j\omega})$，以便与理想频响进行比较。在区间 $[0, 2\pi]$ 上对 $H_d(e^{j\omega})$ 进行 N 点采样，等效于时域以 N 为周期延拓。

2.10.3　实验内容与方法

例 2-10-1：数字滤波器的技术指标如下：$\omega_p = 0.4\pi, R_p = 0.5\text{dB}, \omega_s = 0.6\pi, A_s = 50\text{dB}$，采用窗函数法设计一个 FIR 数字滤波器。

海明窗和布莱克曼窗均可以提供大于 50dB 的衰减。如果选用海明窗设计，则它提供较小的过渡带，因此，其具有较小的阶数。尽管在设计中用不到通带波动值 $R_p = 0.5\text{dB}$，但必须检查设计的实际波动，即验证它是否确实在给定的容限内。

MATLAB 程序如下：

```
% 数字滤波器指标
   wp = 0.4 * pi; ws = 0.6 * pi; deltaw = ws - wp;
   N0 = ceil(6.6 * pi/ deltaw) + 1;
   N = N0 + mod(N0 + 1,2);
   wdham = (hamming(N))';
   wc = (ws + wp)/2;
   tao = (N - 1)/2;
   n = [0:N - 1];
   m = n - tao + eps;
   hd = sin(wc * m) ./ (pi * m);
   h = hd . * wdham;
   [H,w] = freqz(h,[1],1000,'whole');
   H = (H(1:1:501))';w = (w(1:1:501))';
   mag = abs(H);
   db = 20 * log10((mag + eps) ./max(mag));
```

```
        pha = angle(H);
        grd = grpdelay(h,[1],w);
        dw = 2 * pi/1000;
        Rp =  - (min(db(1:wp/dw + 1)));
        As =  - round(max(db(ws/dw + 1:501)));
        n = 0:N - 1;
        subplot(2,2,1); stem(n,hd,'.'); title('理想脉冲响应')
        axis([0 N - 1 - 0.2 0.6]);xlabel('n'); ylabel('hd(n)');
        subplot(2,2,2); stem(n,wdham,'.');title('海明窗')
        axis([0 N - 1 0 1.1]); xlabel('n');ylabel('w(n)');
        subplot(2,2,3); stem(n,h,'.');title('实际脉冲响应')
        axis([0 N - 1 - 0.2 0.6]); xlabel('n'); ylabel('h(n)')
        subplot(2,2,4); plot(w/pi,db);title('幅度响应');grid on;
        axis([0 1 - 100 10]); xlabel('频率(单位:pi)'); ylabel('单位: dB')
        set(gca,'XTickMode','manual','XTick',[0,0.4,0.6,1])
        set(gca,'YTickMode','manual','YTick',[ - 50,0])
   %    set(gca,'YTickLabelMode','manual','YTickLabels',['50';'0'])
        set(gcf,'color','w');
```

计算结果为：$N = 35, R_p = 0.4\text{dB}, A_s = 52\text{dB}$，满足要求。可以看出用海明窗设计的 FIR 数字滤波器是满足要求的，其时域和频域的曲线如图 2-46 所示。

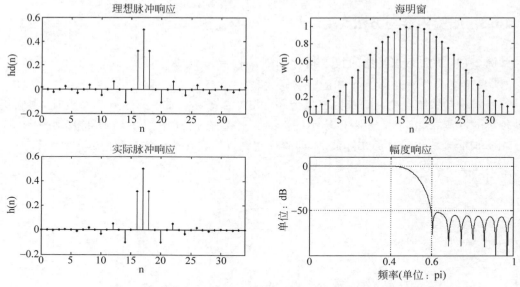

图 2-46　利用海明窗设计的线性相位 FIR 数字低通滤波器

此外，在信号处理工具箱中，MATLAB 还直接提供了一个函数 fir1，它利用窗函数法设计 FIR 滤波器，其标准的调用格式为

```
b = fir1(M,Wn, 'type',window)
```

其中，b 为待设计的滤波器系数向量，其长度 N＝M＋1；M 为所选的滤波器阶数；Wn 为滤波器给定的边缘频率，可以是标量，也可是一个数组；'type'为滤波器的类型，如高

通、带通、带阻等,默认为低通;window 为窗函数的类型,默认为海明窗。

同上例,MATLAB 程序如下:

```
b = fir1(34,1/pi,hamming(35));
[H,w] = freqz(b,1,512);
H_db = 20 * log10(abs(H));
subplot(2,1,1);stem(b);
title('hamming');
subplot(2,1,2);plot(w,H_db);
title('frequency');
grid on;
```

得到的结果如图 2-47 所示。

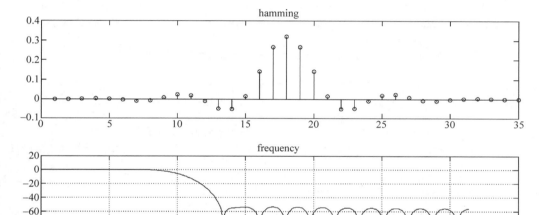

图 2-47　直接调用 fir1 函数设计的 FIR 数字低通滤波器

例 2-10-2:同例 2-10-1,数字滤波器的技术指标如下:$\omega_p = 0.4\pi, R_p = 0.5\text{dB}, \omega_s = 0.6\pi, A_s = 50\text{dB}$,采用频率采样法设计一个 FIR 数字滤波器。

MATLAB 程序如下(N 选择 35):

```
N = 35;wp = 0.4 * pi;ws = 0.6 * pi;wc = (wp + ws)/2;   % 给出原始数据
N = N + mod(N + 1,2);
N1 = fix(wc/(2 * pi/N));N2 = N - 2 * N1 - 1;
A = [ones(1,N1 + 1),zeros(1,N2),ones(1,N1)];            % 幅频特性样本序列
theta = - pi * [0:N-1] * (N - 1)/N;                    % 相位特性样本序列
H = A. * exp(j * theta);                               % 频率特性样本序列
h = real(ifft(H));                                     % 反变换求出脉冲序列,去掉运算误差造成的虚部
wp1 = 2 * pi/N * fix(wc/(2 * pi/N) - 1);ws1 = wp1 + 8 * pi/N;
[H,w] = freqz(h,[1],1000,'whole');
H = (H(1:1:501))';w = (w(1:1:501))';                   % 对设计结果进行检验
mag = abs(H);
```

```
db = 20 * log10((mag + eps)./max(mag));
pha = angle(H);
grd = grpdelay(h,[1],w);                      % 检验设计出的滤波器的幅频特性
N = length(h);L0 = (N-1)/2; L = floor(L0);    % 求滤波器阶次及幅频特性的阶次
n = 1:L+1;ww = [0:511] * pi/512;              % 取滤波器频率向量
if all(abs(h(n) - h(N-n+1))<1e-8)             % 判断滤波器系数是否对称
Ar = 2 * h(n) * cos(((N+1)/2-n)' * ww) - mod(N,2) * h(L+1);
% 对称条件下计算 A(两种类型)
% 当 N 为奇数时,h(L+1)项存在;当 N 为偶数时,要取消这项,故乘以 mod(N,2)
type = 2 - mod(N,2);                          % 判断并给出类型
% 当 N 为奇数时,要求 h(L+1)项必须为零;在 N 为偶数时,需要这一条件,故乘以 mod(N,2)
elseif all(abs(h(n) + h(N-n+1))<1e-8)&(h(L+1) * mod(N,2)<=1e-8)
% 系数若为反对称
% 当 N 为奇数时,要求 h(L+1)项必须为零;在 N 为偶数时,不需要这一条件,故乘以 mod(N,2)
A = 2 * h(n) * sin(((N+1)/2-n)' * ww);        % 反对称条件下计算 A 的公式(两种类型相同)
type = 4 - mod(N,2);                          % 判断并给出类型
else error('错误:这不是线性相位滤波器!')      % 滤波器系数非对称,报告错误
end
dw = 2 * pi/1000;                             % 频率分辨率
Rp = -min(db(1:fix(wp1/dw) + 1))              % 实际的通带波动
As = -round(max(db(fix(ws1/dw) + 1:501)))     % 最小阻带衰减
l = 0:N-1; wl = (2 * pi/N) * l;               % 将频率样本下标换成频率样本值
wdl = [0,wc,wc,2 * pi-wc,2 * pi-wc,2 * pi]/pi;Adl = [1,1,0,0,1,1];  % 绘制理想幅频特性的
% 频率和幅度数据
subplot(2,2,1);plot(wl(1:N)/pi,A(1:N),'.',wdl,Adl);  % 绘图
axis([0,1,-0.1,1.1]); title('频率样本')
xlabel(''); ylabel('A(k)')
set(gca,'XTickMode','manual','XTick',chop([0,0.5,1],2))
set(gca,'YTickMode','manual','YTick',[0,1]); grid on;
subplot(2,2,2); stem(l,h,'.'); axis([-1,N,-0.1,0.5]);grid on;
title('脉冲响应');ylabel('h(n)');text(N+1,-0.1,'n')
subplot(2,2,3); plot(ww/pi,Ar,wl(1:N)/pi,A(1:N),'.');
axis([0,1,-0.2,1.2]); title('符幅响应')
xlabel('频率(单位:pi)'); ylabel('Ar(w)');grid on;
subplot(2,2,4);plot(w/pi,db); axis([0,1,-50,10]);
title('幅度响应'); xlabel('频率(单位:pi)');
ylabel('分贝数'); grid on;
set(gca,'XTickMode','manual','XTick',chop([0,0.5,1],2))
set(gca,'YTickMode','Manual','YTick',[-As;0]);
set(gca,'YTickLabelMode','manual','YTickLabels',['As';'0'])
set(gcf,'color','w');                         % 置图形背景色为白
```

经过计算可得,$R_p = 1.6011\text{dB}$,$A_s = 24\text{dB}$,所设计的滤波器时域和频域特性如图 2-48 所示。

可以看出,其不满足技术指标。为此,可以在构造的频率响应间断点中增加一个或若干个过渡点来改善带外衰减指标。由于篇幅关系,此处不再讨论如何增加过渡点来改善滤波器设计,请同学们课后自行查阅相关资料完善滤波器设计。此处介绍利用

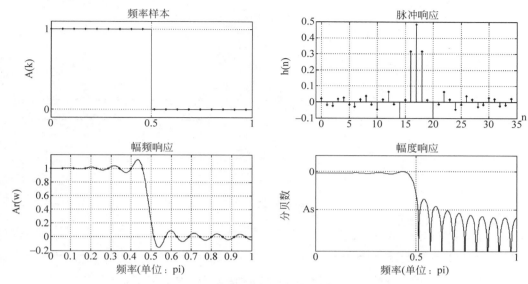

图 2-48　利用频率法设计的 FIR 数字低通滤波器

MATLAB 提供的函数 fir2,它的典型用法为

```
b = fir2(M, f, m)
```

其中,b 为待设计的滤波器系数向量,其长度 N＝M＋1;M 为所选的滤波器阶数;f 指定归一化各频率边界频率,从 0 到 1 递增,1 对应采样频率的 1/2,即奈奎斯特频率;m 指定各边界频率处的幅度响应,因此 f 和 m 的长度相同。

同上例,MATLAB 程序如下:

```
f = [0 1/pi 1/pi 1];m = [1 1 0 0];
b = fir2(34,f,m);
[H,w] = freqz(b,1,128);
H_db = 20 * log10(abs(H));
subplot(2,1,1);stem(b,'.');
title('实际脉冲响应');
subplot(2,1,2);plot(w/pi,H_db);
title('幅度响应');
grid on;
set(gcf,'color','w');
```

得到的结果如图 2-49 所示。

2.10.4　程序设计实验

数字滤波器的技术指标如下:$\omega_p = 0.2\pi$,$R_p = 0.25\text{dB}$,$\omega_s = 0.3\pi$,$A_s = 50\text{dB}$,分别用窗函数法和频率采样法设计一个 FIR 数字滤波器。

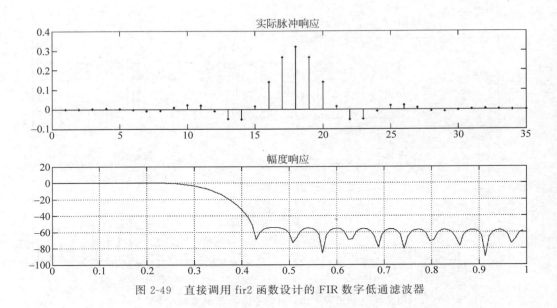

图 2-49 直接调用 fir2 函数设计的 FIR 数字低通滤波器

思考题

1. 窗函数法和频率采样法的优缺点分别是什么?
2. 在 FIR 窗函数设计中,为何采用不同特性的窗函数? 选用窗函数的依据是什么?
3. 在频率采样法中,如果阻带衰减不够,应采取什么措施?

2.11 用 FDATool 设计数字滤波器

2.11.1 实验目的

(1) 掌握 MATLAB 中图形化滤波器设计与分析工具 FDATool 的使用方法。
(2) 学习使用 FDATool 对数字滤波器进行设计。

2.11.2 实验原理

在 MATLAB6.0 以上的版本中,为使用者提供了一个图形化的滤波器设计与分析工具——FDATool。其在不同的版本中的工作界面略有差别,设计结果也有所不同,本实验以 MATLAB7.1 版本为例进行介绍。

利用 FDATool 这一工具,我们可以进行 FIR 和 IIR 数字滤波器的设计,并且能够显示数字滤波器的幅频响应、相频响应、零极点分布图等。产生的数字滤波器系数存储为文件后,可以直接提供给 DSP 程序代码调试工具——CCS 或 DSP 存储器,完成实际的数字滤波器的程序调试,从而实现实际的滤波器。

在 MATLAB 命令窗输入"fdatool",将打开 FDATool 工作界面,如图 2-50 所示。

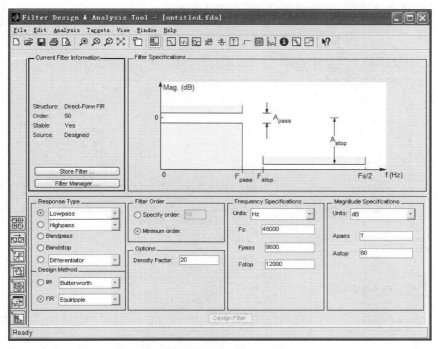

图 2-50　FDATool 工作界面

在 FDATool 工具中,可以对滤波器类型、实现模式进行指定,还可以对所设计滤波器的技术指标、幅频响应、相频响应、群延时、冲激响应、阶跃响应、零极点分布进行分析和显示。

2.11.3　实验内容与方法

例 2-11-1:利用 FDATool 设计工具,选择 kaiser 窗设计一个带通数字滤波器,其采样频率 $f_s=20\text{kHz}$,通带截止频率 $f_{pl}=2.5\text{kHz}$,$f_{ph}=5.5\text{kHz}$,通带范围内波动小于 1dB;下阻带边界频率 $f_{sl}=2\text{kHz}$,上阻带边界频率 $f_{sh}=6\text{kHz}$,阻带衰减大于 30dB。

解:利用 FDATool 设计工具进行 FIR 数字滤波器设计,步骤如下:

(1) 根据任务,确定滤波器种类、类型等指标。如本例选择 Bandpass、FIR,Window 选择 kaiser 窗。

(2) 如果设计指标中给定了滤波器的阶数,则【Filter Order】一栏应选择【Specify Order】,并输入滤波器的阶数;如果设计指标中既给出了通带指标,又给出了阻带指标,则输入指标时,【Filter Order】一栏应选择【Minimum Order】。本例情况选择【Minimum Order】。

（3）输入采样频率、通带频率和阻带频率及衰减等指标。

（4）指标输入完毕后，按【Design Filter】进行滤波器设计，将显示如图 2-51 所示的结果。观察幅频特性曲线，如果满足设计指标，即可使用。

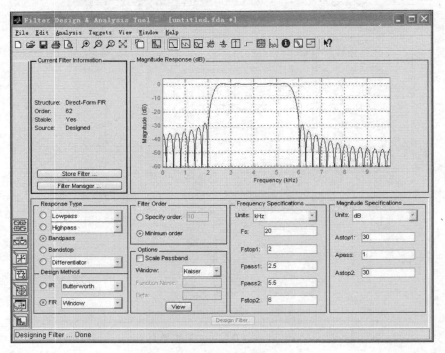

图 2-51　输入设计指标

（5）利用主菜单【Analysis】的二级选项或有关图形按钮，可以观察相频响应、幅频和相频响应、群延时、冲激响应、阶跃响应、零极点分布、滤波器系数等图形。图 2-52 显示了本例滤波器的幅频和相频响应、冲激响应、零极点分布图形及滤波器系数列表。

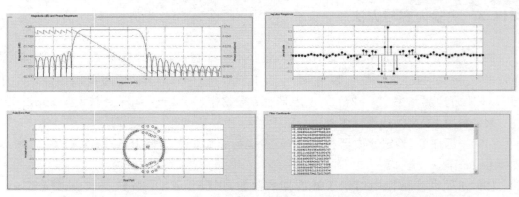

图 2-52　幅频和相频响应、冲激响应、零极点分布图形和滤波器系数表

（6）滤波器设计完成后,可以将所设计滤波器系数输出。FDATool 提供了两种输出数据的方法,第一种是直接输出到 MATLAB 工作空间或文件;另一种是将其生成一个 C 头文件,用于 DSP 软件程序。本实现由于不涉及 DSP 开发实验,故介绍第一种方法。

选择主菜单【File】下的【Export...】将弹出如图 2-53 所示的窗口,可以选择将滤波器系数直接输出到 MATLAB 工作空间、Text 文件或 MAT 文件。滤波器系数的变量名可以用默认的 Num、Den,也可以自行修改。

图 2-53　Export 弹出窗口

思考题

1. 用 FDATool 设计一个椭圆型 IIR 数字低通滤波器,其采样频率 $f_s=10\text{kHz}$,通带 $f_p=2\text{kHz}$,$R_p=1\text{dB}$;阻带 $f_s=3\text{kHz}$,$A_s=15\text{dB}$。观察幅频响应和相频响应曲线、零极点分布图,写出传递函数,将滤波器系数存入 MATLAB 工作空间。

2. 用 FDATool 设计一个使用海明窗的 FIR 数字带阻滤波器,下通带截止频率 $\omega_{pl}=0.2\pi$,$R_p=0.5\text{dB}$,阻带低端截止频率 $\omega_{sl}=0.3\pi$,$A_s=40\text{dB}$,阻带高端截止频率 $\omega_{sh}=0.5\pi$,$A_s=40\text{dB}$,上通带截止频率 $\omega_{ph}=0.6\pi$,$A_p=0.5\text{dB}$。观察幅频响应和相频响应曲线、零极点分布图、滤波器系数,将滤波器系数存入 MATLAB 工作空间。

第3章

测试系统电路仿真分析案例

3.1 Multisim 电路仿真软件

3.1.1 Multisim 软件简介

Multisim 软件是美国国家仪器（National Instruments，NI）公司推出的一款优秀的 EDA 软件，非常适用于板级模拟/数字电路板的设计、仿真分析工作，具有如下突出的特点。

1. 直观的图形界面

软件的操作界面就像一个电子实验工作台，绘制电路所需的元器件和仿真所需的测试仪器均可直接拖放到屏幕上，轻点鼠标即可用导线将它们连接起来，软件仪器的控制面板和操作方式都与实物相似，测量数据、波形和特性曲线如同在真实仪器上看到的。

2. 丰富的元器件库

软件包括基本元件、半导体器件、运算放大器、TTL 和 CMOS 数字 IC、DAC、ADC 及其他各种部件，提供了世界主流元件供应商的超过 17000 种元件，能方便地对元件各种参数进行编辑修改，能利用模型生成器以及代码模式创建模型，创建自己的元器件，新建或扩充已有的元器件库。

3. 强大的仿真能力

软件以 SPICE3F5 和 XSPICE 的内核作为仿真的引擎，既可对模拟电路或数字电路分别进行仿真，也可进行数模混合仿真，支持 VHDL 和 Verilog HDL 语言的电路仿真与设计；可以对被仿真的电路中的元器件设置各种故障，如开路、短路和不同程度的漏电等，从而观察不同故障情况下的电路工作状况；在仿真的同时，软件还可以存储测试点的所有数据，列出被仿真电路的所有元器件清单，以及存储测试仪器的工作状态、显示波形和具体数据等。

4. 大量的虚拟测试仪器

Multisim 12.0 提供了 22 种虚拟仪器进行电路动作的测量，既有一般实验用的通用仪器，如万用表、函数信号发生器、双踪示波器、直流电源，还有一般实验室少有或没有的仪器，如波特图仪、字信号发生器、逻辑分析仪、逻辑转换器、失真仪、频谱分析仪和网络分析仪等。这些仪器的设置和使用与真实的仪器一样，动态交互显示。除了 Multisim 提供的默认的仪器外，还可以创建 LabVIEW 的自定义仪器，使得图形环境中可以灵活地可升级测试、测量及控制应用程序的仪器。、

5. 完备的分析手段

软件可以完成电路的瞬态分析和稳态分析、时域和频域分析、器件的线性和非线性

分析、电路的噪声分析和失真分析、离散傅里叶分析、电路零极点分析、交直流灵敏度分析等电路分析方法,以帮助用户分析电路的性能。

6. 支持单片机编程仿真

软件支持 4 种类型的单片机芯片,支持对外部 RAM、外部 ROM、键盘和 LCD 等外围设备的仿真,分别对 4 种类型芯片提供汇编和编译支持;所建项目支持 C 代码、汇编代码以及十六进制代码,并兼容第三方工具源代码;包含设置断点、单步运行、查看和编辑内部 RAM、特殊功能寄存器等高级调试功能。

7. 完善的数据后处理功能

软件对分析结果进行的数学运算操作类型包括算术运算、三角运算、指数运行、对数运算、复合运算、向量运算和逻辑运算等。

8. 可输出详细的报告

软件能够呈现材料清单、元件详细报告、网络报表、原理图统计报告、多余门电路报告、模型数据报告、交叉报表 7 种报告。

9. 与其他 EDA 软件兼容性好

软件提供了转换原理图和仿真数据到其他程序的方法,可以输出原理图到 PCB 布线软件(如 Ultiboard、OrCAD、PADS Layout 2005、Protel);输出仿真结果到 MathCAD、Excel 或 LabVIEW 软件;输出网络表文件等。

10. 强大的虚拟实验功能

与传统的电子电路实验相比,虽然 Multisim 软件进行虚拟实验用的元器件及测试仪器仪表十分齐全,但是并不消耗实际的元器件,所需元器件的种类和数量也不受限制,可方便地对电路参数进行测试和分析,直接输出实验数据、测试参数、曲线,实验成本低,速度快,效率高。

11. 易学易用

只要经过简单培训,甚至自学,任何电子工程师都可以轻松掌握 Multisim 软件,快速构建仿真模型,验证自己的设计。

目前,在多数院校的电子信息类课程教学过程中,实验课往往受限于时间、场地和器材,直接影响相关理论的教学效果。利用 Multisim 软件的强大的仿真分析功能和虚拟实验环境,学生可以随时随地构建自己的实验平台,开展理论验证实验和综合性设计,极大地提高了学习热情和积极性,变被动学习为主动学习,提升独立分析、开发和创新能力。

3.1.2 Multisim 软件基本操作使用

本节以 NI Multisim 12.0 为对象,对该软件的操作进行说明。

1. 创建电路图

(1) 启动 Multisim 12.0 软件,出现如图 3-1 所示界面。

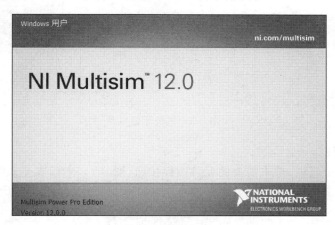

图 3-1　启动界面

启动后出现的窗口如图 3-2 所示。

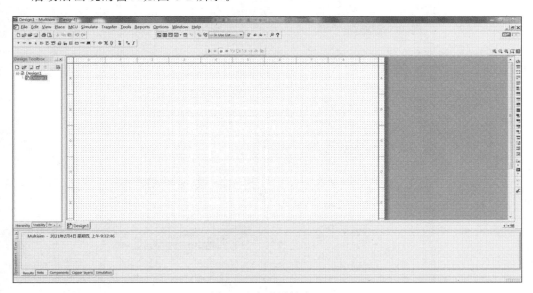

图 3-2　启动后的窗口

也可直接选择文件/新建/原理图,即弹出图 3-3 所示的主设计窗口。

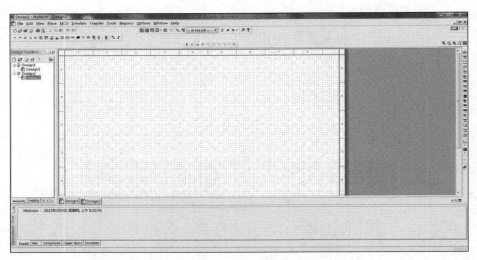

图 3-3　主设计窗口

（2）添加元件。

打开元件库工具栏,单击需要的元件图标按钮(图 3-4),然后在主设计电路窗口中适当的位置再次单击鼠标,所需要的元件即可出现在该位置上,如图 3-5 所示。

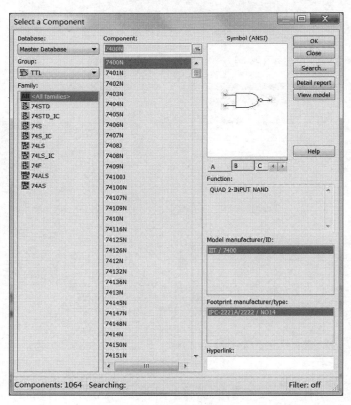

图 3-4　选择元件

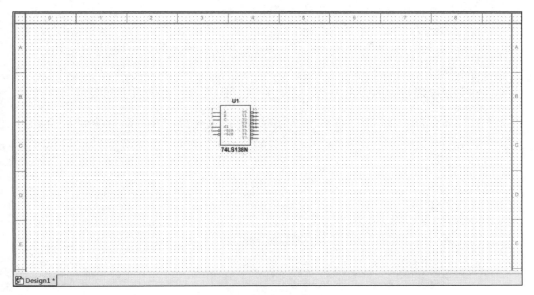

图 3-5　放置元件

　　双击此元件,会出现该元件设置对话框,如图 3-6 所示,可以设置元件的标签、编号、数值和模型参数等。

图 3-6　元件设置对话框

（3）元件的移动。

选中元件,直接用鼠标拖曳要移动的元件。

(4)元件的复制、删除与旋转。

选中元件,用相应的菜单、工具栏或右击鼠标弹出快捷菜单,进行需要的操作。

(5)放置电源和接地元件。

单击"放置电源按钮",弹出如图 3-7 所示对话框,可选择电源和接地元件。

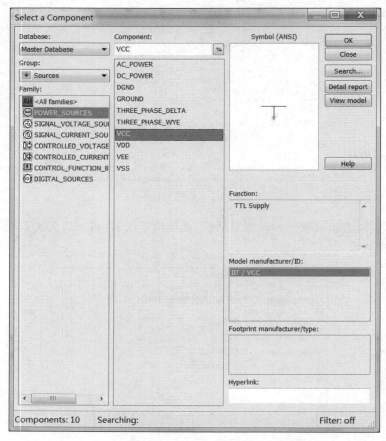

图 3-7　选择电源和接地元件

(6)电路图中导线的操作。

① 连接。鼠标指向某元件的端点,出现小圆点后按下鼠标左键拖拽到另一个元件的端点,出现小圆点后松开左键。

② 删除。选定该导线,右击鼠标,在弹出的快捷菜单中单击"Delete"。

2. 使用虚拟仪表

如图 3-3 所示主设计窗口中,右侧竖排的为虚拟仪表工具栏,常用的仪表有数字万用表、函数发生器、示波器、波特图仪等,可根据需要选择使用。下面以万用表的选用为例进行说明。

（1）调用数字万用表。

从指示部件库中选中数字万用表，按选择其他元件的方法放置在主电路图中，双击万用表符号，弹出参数设置对话框，如图 3-8 所示。

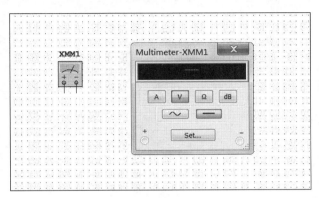

图 3-8　万用表的调用

（2）万用表设置。

单击万用表设置对话框中的"设置"按钮，弹出如图 3-9 所示的万用表设置对话框，进行万用表参数及量程设置。上半部分为电气设置区，由上至下分别为电流表内阻、电压表内阻、电阻表电流、相对分贝值；下半部分为显示设置区，由上至下分别为电流表过量程、电压表过量程、电阻表过量程。

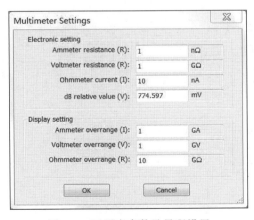

图 3-9　万用表参数及量程设置

其他仪表的使用与万用表类似，不再赘述。

3. 实时仿真

打开 Multisim 软件自带例程 SineWaveOscillator.ms12，该电路为正弦波振荡电路，如图 3-10 所示，左上角菜单栏下方是仿真开关，单击仿真开关，电路就开始进行实时仿真。

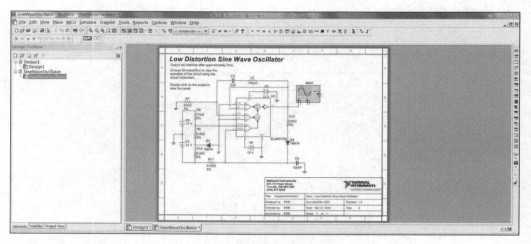

图 3-10　正弦波振荡电路

双击示波器图标,出现图 3-11 所示虚拟示波器波形显示界面,如果对波形不满意,可以调节 Timebase 数值以及 Channel A 和 Channel B 的 Scale 数值,即调节示波器时基和幅度显示比例,以输出理想波形。

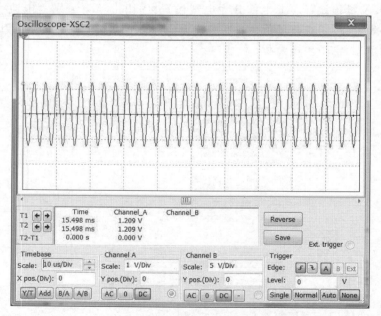

图 3-11　虚拟示波器显示正弦波振荡电路输出波形

4. 保存文件

电路图绘制完成,仿真结束后,执行菜单栏中的"文件/保存"可以自动按原文件名将该文件保存在原来的路径中。单击左上角菜单栏中的"文件/另存为",弹出对话框

（图 3-12），在对话框中选定保存路径，也可以修改文件名保存。

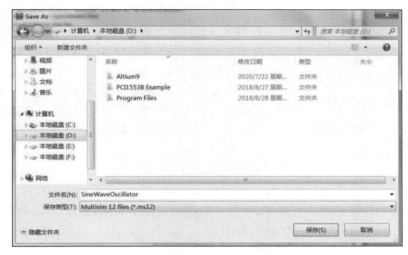

图 3-12　文件保存

思考题

1. 安装 Multisim 软件后，实现本节示例电路的实时仿真过程。
2. 通过查看 NI 帮助文档或查找资料，探究 Multisim 的使用技巧。

3.2　案例 1　电阻式传感器电桥电路分析

3.2.1　实践目标

（1）通过仿真案例学习，掌握直流电桥电路的工作原理。
（2）掌握利用 Multisim 软件构建仿真电路的方法。
（3）掌握仿真电路参数扫描分析功能使用方法。

3.2.2　直流电桥工作原理

电阻应变片可将应变转换为电阻的变化量，为了便于传输、显示和记录，必须经过测量电路，将电阻的变化转换为电压或电流信号，最终实现应变量的测量。电阻的变化一般采用电桥电路来测量。

电桥是由电阻（或电感、电容）所组成的一个四端网络。图 3-13 为电阻元件组成的电桥电路。在测量电路中，它的作用是将组成电桥各桥臂的电阻（或电感、电容）等参量的变化转换成电压或电流的输出。如果将组成桥臂的一个或数个电阻更换为电阻应变片，

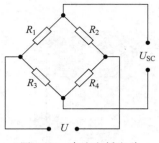

图 3-13　直流电桥电路

则构成应变测量电桥。

　　根据供桥电压的性质,测量电桥可分为直流电桥和交流电桥;按照测量方式的不同,测量电桥又可分为平衡电桥和不平衡电桥。下面介绍最常见的直流测量电桥(图 3-13)。

　　图 3-13 中,U 为电桥供给电压,R_1、R_2、R_3、R_4 为各桥臂上应变片等效电阻,U_{SC} 为电桥输出电压,推导后可得

$$U_{SC} = \frac{R_1 R_4 - R_2 R_3}{(R_1 + R_2)(R_3 + R_4)} U \tag{3-1}$$

根据式(3-1),可得电桥的平衡条件为 $R_1 R_4 = R_2 R_3$。

　　通过适当选样各桥臂的电阻值,使电桥初始状态处于平衡,工作时,各桥臂阻值变化分别为 ΔR_1,ΔR_2,ΔR_3,ΔR_4,则输出电压

$$U_{SC} = \frac{1}{4} \left(\frac{\Delta R_1}{R} - \frac{\Delta R_2}{R} - \frac{\Delta R_3}{R} + \frac{\Delta R_4}{R} \right) U \tag{3-2}$$

　　可见,电桥的输出电压 U_{SC} 与各桥臂电阻变化近似为线性关系,即把电阻变化转换成电压信号。实际工作中,一般根据电桥参与变化的桥臂数目分为半桥式和全桥式连接,如图 3-14 所示。

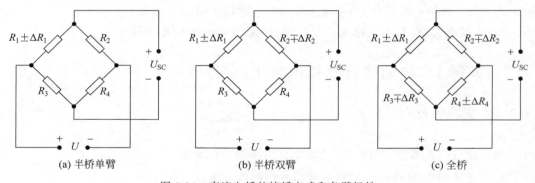

(a) 半桥单臂　　　　　　　　　(b) 半桥双臂　　　　　　　　　(c) 全桥

图 3-14　直流电桥的接桥方式和各臂极性

　　图 3-14(a)为半桥单臂连接,工作中只有 R_1 参与测量,即 $\Delta R_2 = \Delta R_3 = \Delta R_4 = 0$,若同时有 $\Delta R_1 = \Delta R$,则

$$U_{SC} = \frac{1}{4} \frac{\Delta R}{R} U \tag{3-3}$$

　　图 3-14(b)为半桥双臂连接,工作中有两个桥臂 R_1、R_2 参与测量,即 $\Delta R_3 = \Delta R_4 = 0$,若同时有 $\Delta R_1 = -\Delta R_2 = \Delta R$,则

$$U_{SC} = \frac{1}{2} \frac{\Delta R}{R} U \tag{3-4}$$

　　图 3-14(c)为全桥连接,工作中四个桥臂均参与测量,当 $\Delta R_1 = -\Delta R_2 = -\Delta R_3 =$

$\Delta R_4 = \Delta R$，且相对桥臂电阻变化极性相同时，同理则有

$$U_{\mathrm{SC}} = \frac{\Delta R}{R}U \qquad\qquad (3\text{-}5)$$

3.2.3 直流电桥电路仿真分析

1. 仿真电路构建

首先简要说明元器件选取过程。

（1）电源：Placesource→POWER_SOURCES→DC_POWER，选取电源并设置电压为 10V。

（2）接地：Placesource→POWER_SOURCES→GROUND，选取电路中的接地。

（3）电阻：Place Basic→RESESTOR，选取电阻值为 100Ω 的 4 个电阻。

（4）电压表：Place Indicators→VOLTMETER，选取电压表并设置为直流挡。

然后构建如图 3-15 所示的直流电桥仿真电路。

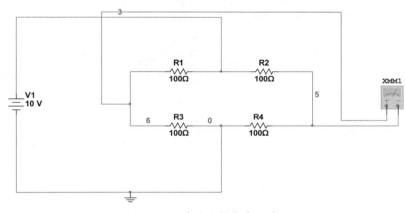

图 3-15　直流电桥仿真电路

2. 半桥单臂仿真

（1）单击仿真开关，激活电路。

（2）将 R1～R4 均置为 100Ω 时，此时电桥平衡，理论输出值应为 0，XMM1 输出为 0V。

（3）将 R1 调整为 101Ω 时，如图 3-16 所示，其余电阻不变，此时 XMM1 输出为 −24.876mV。与式（3-3）的计算值 −25mV 基本一致。

3. 电路参数扫描分析

为了快速分析单臂电桥电阻改变对输出电压的影响，可以采用软件自带的参数扫描（Parameter Sweep）分析功能。单击"Simulate"菜单中子菜单"Analyses"，单击"Parameter

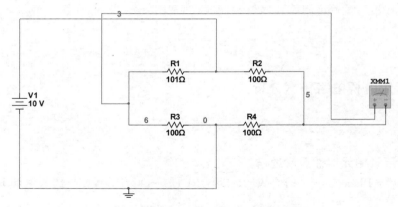

图 3-16 单臂阻值改变后的直流电桥

sweep",出现图 3-17 所示功能设定界面,其中"Device type"即扫描器件类型为电阻 R1,扫描起始值为 101 Ω,终值为 111 Ω,增量为 1 Ω,其余电阻不变,其他采用默认选择。

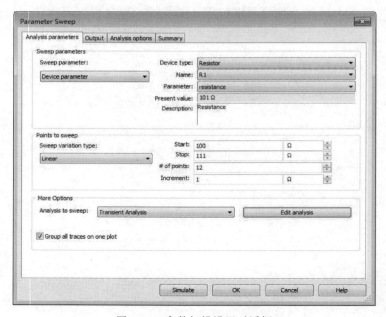

图 3-17 参数扫描设置对话框

设置完毕后,单击"仿真"按钮,则在 Graph View 中输出扫描结果,如图 3-18 所示。由图可知,桥臂其他电阻保持 100 Ω,当 R1 变为 111Ω 时,其输出为−260.663mV。同样的条件下,根据式(3-3),计算出的理论值为−275mV,二者的差值接近 15mV。

4. 半桥双臂仿真

将 R1、R4 调整为 101Ω 时,如图 3-19 所示,其余电阻不变,此时 XMM1 输出为−49.751mV。与式(3-4)的计算值−50mV 基本一致。

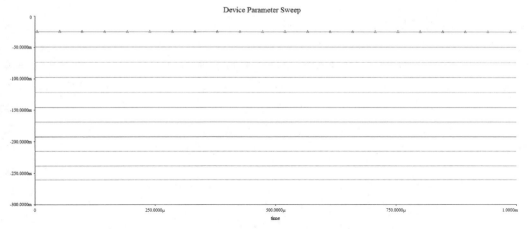

图 3-18 单臂阻值扫描输出结果图

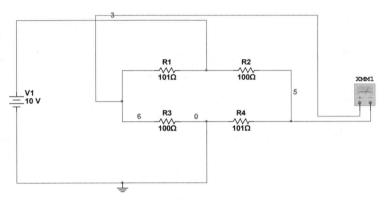

图 3-19 双臂阻值改变后的直流电桥

思考题

1. 利用本节提供的电桥仿真电路,继续进行全桥电路的仿真实验。

2. 在实验中可以发现,随着图 3-16 所示单臂电桥中单臂阻值的变化,电桥输出的理论值与仿真值差距增大,思考其原因。

3.3 案例 2 信号放大电路分析

3.3.1 实践目标

(1) 通过仿真案例学习,掌握三种常用信号放大电路的基本工作原理。

(2) 学会利用 Multisim 仿真软件分析和设计常用的信号放大电路。

3.3.2　常用信号放大电路工作原理

在测试系统中,常用的放大电路有比例运算放大电路和测量放大电路,其中前者是后者的基础,后者是前者的综合运用。比例运算电路是指电路的输出电压与输入电压存在比例关系,是最基本的运算电路。对于理想运放,只有在电路中引入了负反馈,才能保证集成运放工作于线性区。换言之,通常集成运放用于运算电路时,必须工作在线性区才能保证运算电路的有效性。

1. 反相比例运算电路

图 3-20 为反相比例运算电路,其输入电压 u_i 通过 R_1 接入运放的反相输入端,R_1 相当于信号源内阻。同相输入端通过电阻 R_p 接地,R_p 为补偿电阻,用来保证集成运放输入级差分放大电路的对称性,$R_p = R_1 // R_f$。输出

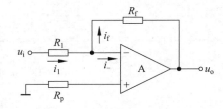

图 3-20　反向比例运算电路

电压 u_o 通过反馈电阻 R_f 送到运放的反相输入端,电路中引入的是电压并联负反馈。

根据理想运放工作在线性区具有"虚断"和"虚短路"的特性,$i_+ = i_- = 0$,$u_+ = u_-$,可知电阻 R_p 没有压降,则 $u_+ = 0$,可得

$$u_+ = u_- = 0 \tag{3-6}$$

集成运放两个输入端的电位均为零,称为"虚地","虚地"是反相比例运算电路的重要特征。由于运放两输入端没有共模信号电压,因此对集成运放的共模参数要求较低。根据 $i_- = 0$,$u_- = 0$,所以输出电压与输入电压的关系为

$$u_o = -\frac{R_f}{R_1} u_i \tag{3-7}$$

式(3-7)表明,电路的输出电压与输入电压成正比,负号表示输出信号与输入信号反相,故称为反相比例运算电路。电路的电压放大倍数为

$$A = \frac{u_o}{u_i} = -\frac{R_f}{R_1} \tag{3-8}$$

可见,反相比例运算电路的电压放大倍数仅由外接电阻 R_f 与 R_1 之比来决定,与集成运放参数无关。

输入电阻:虽然理想运放的输入电阻为无穷大,但由于电路引入的是并联负反馈,因此反相比例运算电路的输入电阻并不大。由于反相输入端"虚地",根据输入电阻的定义,可得

$$R_i = \frac{u_i}{i_i} = R_1 \tag{3-9}$$

输出电阻:因为电路引入的是深度电压负反馈,并且 $1 + AF \to \infty$,所以输出电阻 $R_o = 0$。

2. 同相比例运算电路

图 3-21 为同相比例运算电路。根据"虚短"和"虚断"的概念得

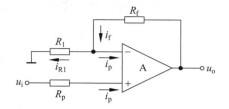

$$u_+ = u_- = u_i \qquad (3\text{-}10)$$

式(3-10)表明,集成运放有共模输入电压 u_i,这是同相比例运算电路的主要特征。因

图 3-21 同相比例运算电路

此,设计同相比例运算电路时应选用共模抑制比高、最大共模输入电压大的集成运放。

因为净输入电流 $i_- = 0$,所以 $i_{R1} = i_f$,得 $u_i = u_- = \dfrac{R_1}{R_1 + R_f} u_o$,因此可得同相比例运算电路的电压放大倍数为

$$A = \frac{u_o}{u_i} = 1 + \frac{R_f}{R_1} \qquad (3\text{-}11)$$

式(3-11)表明,输出电压与输入电压成正比,并且相位相同,故称为同相比例运算电路。同相比例运算电路的放大倍数总是大于或等于 1。

该电路引入的是电压串联负反馈,故可认为输入电阻为无穷大,输出电阻为零。作为同相放大器的特例,若 $R_1 \to \infty$,$R_p \to 0$,则构成了电压跟随器,其特点是:对低频信号,其增益近似为 1,同时具有极高的输入阻抗和低输出阻抗,因此常在测试系统中用作阻抗变换器。

3. 测量放大器电路

在许多测试场合,传感器输出的信号往往很微弱,而且信号中包含很大的共模电压,一般对这种信号需要采用具有很高的共模抑制比、高增益、低噪声、高输入阻抗的放大器实现放大,通常将具有上述特点的放大器称为测量放大器,或称为仪表放大器。

图 3-22 是目前广泛应用的三运算放大器测量电路,其中 A1 和 A2 为两个输入阻抗、共模抑制比和开环增益均一致的通用集成运算放大器,工作于同相放大方式,构成了平衡对称的差动放大输入级;A3 工作于差动放大方式,用来进一步抑制 A1、A2 的共模信号,并接成单端输出方式适应接地负载的要求。

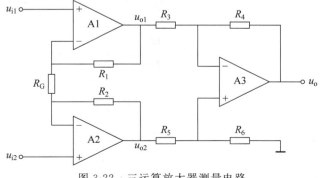

图 3-22 三运算放大器测量电路

根据反相放大和同相放大器结论,由电路结构分析可知

$$u_{o1} = \left(1 + \frac{R_1}{R_G}\right) u_{i1} - \frac{R_1}{R_G} u_{i2}$$

$$u_{o2} = \left(1 + \frac{R_2}{R_G}\right) u_{i2} - \frac{R_2}{R_G} u_{i1}$$

$$u_o = -\frac{R_4}{R_3} u_{o1} + \left(1 + \frac{R_4}{R_3}\right) \frac{R_6}{R_5 + R_6} u_{o2}$$

通常电路中 $R_1 = R_2$, $R_3 = R_5$, $R_4 = R_6$,对差模输入电压 $u_{i1} - u_{i2}$,测量放大器的增益为

$$A = \frac{u_o}{u_{i1} - u_{i2}} = -\frac{R_4}{R_3}\left(1 + \frac{2R_1}{R_G}\right) \tag{3-12}$$

测量放大器的共模抑制比主要取决于输入级运算放大器 A1、A2 的对称性、输出级运算放大器 A3 的共模抑制比和输出级外接电阻 R_3、R_5 及 R_4、R_6 的匹配精度($\pm 0.1\%$ 以内),一般共模抑制比可达 120dB 以上。

此外,测量放大器电路还具有增益调节功能,通过调节可以改变增益而不影响电路的对称性,而且由于输入级采用了对称的同相放大器,输入电阻可达数百兆欧以上。

3.3.3　反相运算放大电路仿真分析

构建如图 3-23 所示的反相放大仿真电路,简要步骤如下:

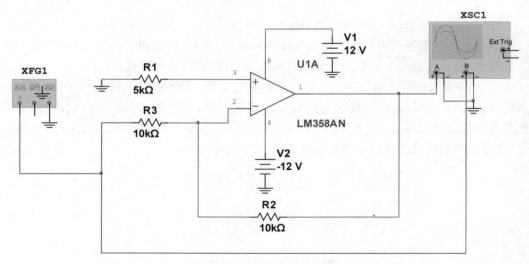

图 3-23　反相运算放大电路

(1) 电源:Place Source→POWER_SOURCES→DC_POWER,选取电源并设置电压为 12V、-12V。

(2) 接地:Place Source→POWER_SOURCES→GROUND,选取电路中的接地。

（3）电阻：Place Basic→RESESTOR，选取电阻值为 2 个 10 kΩ、1 个 5 kΩ 的 3 个电阻。

（4）运算放大器：Pace Analog-OPAMP，选取 LM358AN。

（5）信号发生器：从虚拟仪器工具栏调取 XFG1。

XFG1 输出设定为 1kHz 的正弦信号，VPP 为 4V，输出信号接入示波器 A 通道，输入信号接入 B 通道，单击仿真开关，激活电路，单击虚拟示波器 XSC1，获得如图 3-24（a）所示的仿真结果。输入信号与输出信号的相位相反，相差 180°，但幅度相同，即放大倍数为 1。根据式（3-7）、式（3-8），该电路放大倍数为 1，但输入、输出信号相位相反，因此，理论计算结果与仿真结果相符合。

将电路中 R2 的阻值改为 20kΩ，其他仿真条件不变，单击仿真开关，激活电路，单击虚拟示波器 XSC1，获得如图 3-24（b）所示仿真结果。根据式（3-7）、式（3-8），此时电路放大倍数为 2，输入、输出信号相位相反，理论计算结果与仿真结果相符合。

3.3.4　同相运算放大电路仿真分析

构建如图 3-25 所示的同相运算放大电路。

XFG1 输出设定为 1kHz 的正弦信号，VPP 为 10V，输出信号接入示波器 A 通道，输入信号接入 B 通道，单击仿真开关，激活电路，单击虚拟示波器 XSC1，获得如图 3-26 所示的仿真结果。由图 3-26 可见，输入信号与输出信号同相，幅值相差 1 倍，与通过式（3-11）所得的理论计算结果一致。

3.3.5　测量放大电路仿真分析

构建如图 3-27 所示的测量放大电路。

XFG1 输出设定为 1kHz 的正弦信号，VPP 为 4V，输出信号接入示波器 A 通道，输入信号接入 B 通道，单击仿真开关，激活电路，单击虚拟示波器 XSC1，获得如图 3-28 所示仿真结果。由图 3-28 可见，输入信号与输出信号反相，幅值相差 1 倍，与通过式（3-12）所得的理论值相同。

思考题

1. 利用参数扫描功能，分析反相放大电路中的平衡电阻值对输出有无影响，并思考其原因。

2. 利用参数扫描功能，分析测量放大电路中如果 R_3、R_5 不匹配，会出现什么情况？

3. 查阅同相加法电路和减法电路的资料，改进本节案例中提供的仿真电路，实现同相加法电路和减法电路的功能仿真。

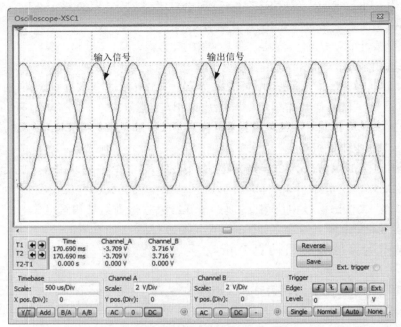

(a) 放大倍数为1

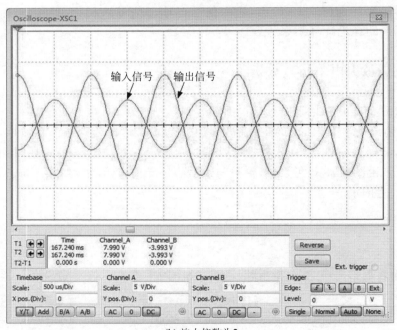

(b) 放大倍数为2

图 3-24 反相运算放大电路输入、输出信号

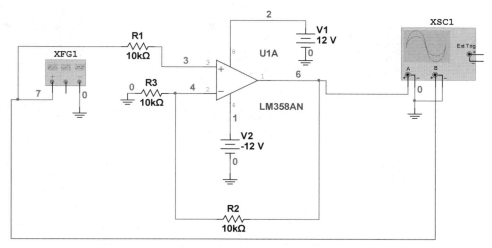

图 3-25　同相运算放大电路

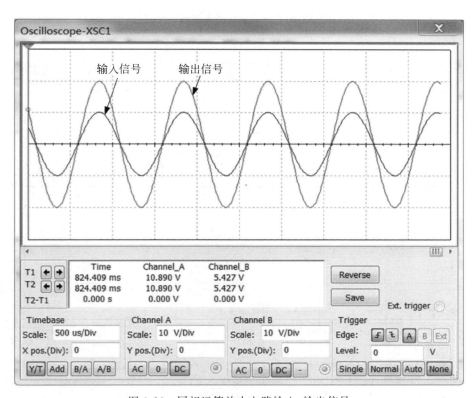

图 3-26　同相运算放大电路输入、输出信号

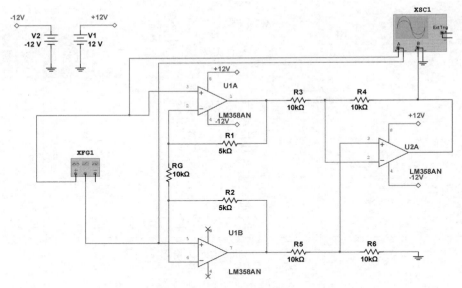

图 3-27　测量放大电路

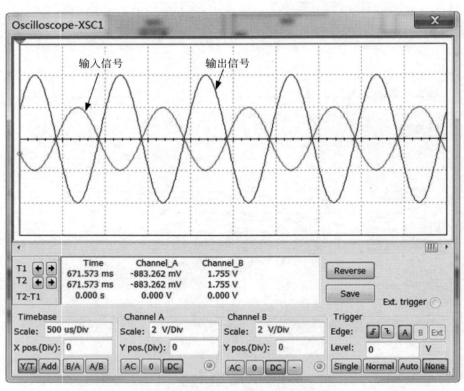

图 3-28　测量放大电路输入、输出信号

3.4　案例3　滤波器电路分析

3.4.1　实践目标

（1）通过仿真案例学习,掌握低通、高通、带通滤波器基本概念和电路实现方法。

（2）通过一阶和二阶、无源和有源滤波器的仿真结果对比,掌握各型无源和有源滤波器的优缺点。

3.4.2　滤波器电路工作原理

在测试系统中,除了信号放大电路,很多情况下由于信号会被噪声污染,需要对信号进行滤波处理,去除噪声,提高信噪比。承担这一功能的电路就是滤波器电路,是测试系统前向通道中不可省略的环节。

1. 基本概念

滤波器的种类繁多,根据滤波器的选频作用,一般将滤波器分为四类,即低通、高通、带通和带阻滤波器;根据构成滤波器的元件类型,可分为 RC、LC 或晶体谐振滤波器;根据构成滤波器的电路性质,可分为有源滤波器和无源滤波器;根据滤波器所处理的信号性质,分为模拟滤波器和数字滤波器。

1）低通滤波器

如图 3-29(a)所示,频率为 $0\sim f_1$,幅频特性平直,它可以使信号中低于 f_1 的频率成分几乎不受衰减地通过,而高于 f_1 的频率成分受到极大衰减。

2）高通滤波器

如图 3-29(b)所示,与低通滤波相反,频率为 $f_1\sim+\infty$,其幅频特性平直。它使信号中高于 f_1 的频率成分几乎不受衰减地通过,而低于 f_1 的频率成分将受到极大衰减。

3）带通滤波器

如图 3-29(c)所示,它的通频带在 $f_1\sim f_2$ 之间。它使信号中高于 f_1 而低于 f_2 的频率成分可以不受衰减地通过,而其他成分受到衰减。

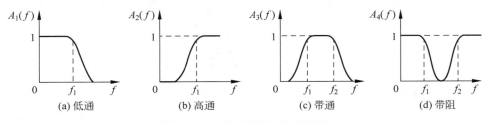

图 3-29　四种滤波器的幅频特性

4）带阻滤波器

与带通滤波相反,阻带在频率 $f_1 \sim f_2$ 之间。它使信号中高于 f_1 而低于 f_2 的频率成分受到衰减,其余频率成分的信号几乎不受衰减地通过,如图 3-29(d)所示。

低通滤波器和高通滤波器是滤波器的两种最基本的形式,其他的滤波器都可以分解为这两种类型的滤波器。

四种滤波器在通带与阻带之间都存在一个过渡带,其幅频特性是一条斜线,在此频带内,信号受到不同程度的衰减。这个过渡带是滤波器所不希望的,但也是不可避免的。

2. 无源 RC 滤波器

无源 RC 滤波器电路简单,抗干扰性强,有较好的低频性能,选用标准阻容元件,容易实现,因此检测系统中有较多的应用。

1）一阶 RC 低通滤波器

RC 低通滤波器的典型电路及其幅频、相频特性如图 3-30 所示。设滤波器的输入信号电压为 u_i,输出信号电压为 u_o,电路的微分方程为

$$RC\frac{\mathrm{d}u_o(t)}{\mathrm{d}t} + u_o(t) = u_i(t) \tag{3-13}$$

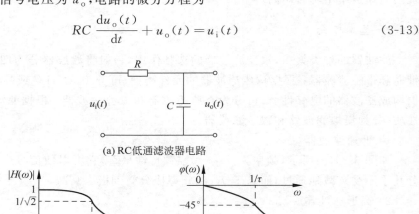

(a) RC低通滤波器电路

(b) 幅频、相频响应

图 3-30　RC 低通滤波器

令 $\tau = RC$,τ 称为时间常数。对式(3-13)进行傅里叶变换,可得频率特性、幅频响应、相频响应表达式为

$$H(\omega) = \frac{1}{\mathrm{j}\omega\tau + 1}, \quad A(\omega) = \frac{1}{\sqrt{1 + (\omega\tau)^2}}, \quad \varphi(\omega) = -\arctan(\omega\tau) \tag{3-14}$$

这是一个典型的一阶系统。当 $\omega \ll \frac{1}{\tau}$ 时,幅频特性 $A(\omega) \approx 1$,此时信号几乎不受衰减地通过,并且 $\varphi(\omega)$-ω 关系为近似于一条通过原点的直线。因此,可以认为,在此种情况下,RC 低通滤波器是一个不失真的传输系统。

当 $\omega = \omega_1 = \dfrac{1}{\tau}$ 时，$A(\omega) = \dfrac{1}{\sqrt{2}}$，即

$$f_c = \frac{1}{2\pi\tau} = \frac{1}{2\pi RC} \tag{3-15}$$

此式表明，RC 值决定着截止频率。因此，适当改变 RC 数值时，就可以改变滤波器的截止频率。

2）RC 高通滤波器

图 3-31 所示为高通滤波器及其幅频、相频特性。设输入信号电压为 u_i，输出信号电压为 u_o，则微分方程式为

$$u_o(t) + \frac{1}{RC}\int_0^t u_o(t)\mathrm{d}t = u_i(t) \tag{3-16}$$

同理，令 $RC = \tau$，高通滤波器频率响应、幅频特性和相频特性为

$$H(\omega) = \frac{\mathrm{j}\omega\tau}{1 + \mathrm{j}\omega\tau}, \quad A(\omega) = \frac{\omega\tau}{\sqrt{1 + (\omega\tau)^2}}, \quad \varphi(\omega) = \arctan\left(\frac{1}{\omega\tau}\right) \tag{3-17}$$

当 $\omega = \omega_1 = \dfrac{1}{\tau}$ 时，$A(\omega) = \dfrac{1}{\sqrt{2}}$，滤波器的 $-3\mathrm{dB}$ 截止频率为

$$f_c = \frac{1}{2\pi RC} \tag{3-18}$$

当 $\omega \gg \dfrac{1}{\tau}$ 时，$A(\omega) \approx 1$，$\varphi(\omega) \approx 0$。即当 ω 相当大时，幅频特性趋于 1，相频特性趋于 0，此时 RC 高通滤波器可视为不失真传输系统。

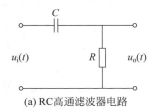

(a) RC高通滤波器电路

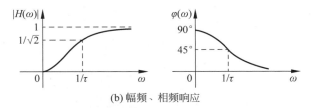

(b) 幅频、相频响应

图 3-31　RC 高通滤波器

3）RC 带通滤波器

带通滤波器可以看作低通滤波器和高通滤波器的串联，其电路如图 3-32 所示。其幅频特性为

$$A(\omega) \approx \frac{\omega\tau_1}{\sqrt{1+(\omega\tau_1)^2}} \frac{1}{\sqrt{1+(\omega\tau_2)^2}}, \quad 其中\ \tau_1 = R_1C_1, \tau_2 = R_2C_2 \qquad (3\text{-}19)$$

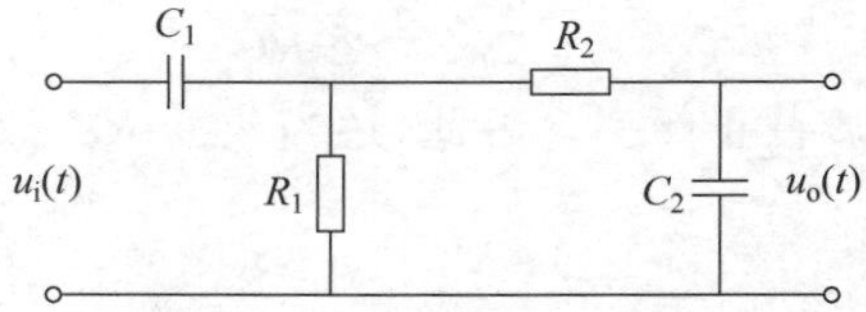

图 3-32　RC 带通滤波器电路

显然,带通滤波器的幅频特性相当于一个低通滤波器和高通滤波器串联,使得极低和极高的频率成分都完全被阻挡而不能通过,只有位于频率通带内的信号频率成分才能通过。

需要注意的是,当高通、低通滤波器两级串联时,应消除两级耦合时的相互影响,因为后一级成为前一级的"负载",而前一级又是后一级的信号源内阻。实际上,两级间常用射极输出器或者用运算放大器进行隔离,因此实际的带通滤波器常常是有源的。

3．有源滤波器

1）一阶有源滤波器

前面所介绍的 RC 滤波器仅由电阻、电容无源元件构成,通常称之为无源滤波器。一阶无源滤波器过渡带衰减缓慢,选择性不佳,虽然可以通过串联无源的 RC 滤波器以提高阶次,增加在过渡带的衰减速度,但受级间耦合的影响,效果是互相削弱的,而且信号的幅值也将逐渐减弱。为了克服这些缺点,需要采用有源滤波器。

有源滤波器采用 RC 网络和运算放大器组成,其中运算放大器是有源器件,既可起到级间隔离作用,又可起到对信号的放大作用;而 RC 网络则通常作为运算放大器的负反馈网络,如图 3-33 所示。图 3-33(a)所示为一阶同相有源低通滤波器,它将 RC 无源低通滤波器接到运放的同相输入端,运放起隔离、控制增益和提高带负载能力作用,其截止频率 $f_c = \dfrac{1}{2\pi RC}$,放大倍数 $K = 1 + \dfrac{R_f}{R_1}$。

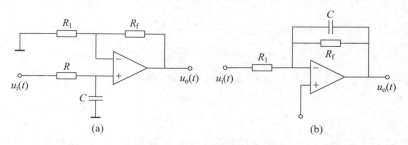

图 3-33　一阶有源低通滤波器

图 3-33(b)所示为一阶反相有源低通滤波器,它将高通网络作为运算放大器的负反馈,结果得到低通滤波特性,其截止频率 $f_c = \dfrac{1}{2\pi R_f C}$,放大倍数 $K = -\dfrac{R_f}{R_1}$。

一阶有源滤波器虽然在隔离、增益性能方面优于无源网络,但是它仍存在着过渡带衰减缓慢的严重弱点,所以就需寻求过渡带更为陡峭的高阶滤波器。

2)二阶有源低通滤波器

把较为复杂的 RC 网络与运算放大器组合就可以得到二阶有源滤波器。这种滤波器有多路负反馈型、压控电压源型和状态变量型等几种类型,其设计方法详见相关文献。

3.4.3 低通滤波器电路仿真分析

1.一阶低通滤波器仿真分析

构建如图 3-34 所示的一阶无源低通滤波器电路。输入信号选择峰值为 1V 的 1kHz 正弦信号,输出信号时域波形采用虚拟示波器 XSC1 来观察。XMM1 和 XMM2 为测量滤波器输入、输出信号有效值的电压表。

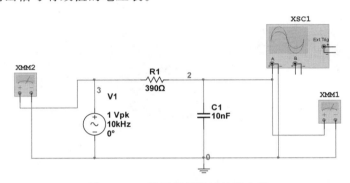

图 3-34　一阶无源低通滤波器电路

为了从频域的角度分析滤波器的性能,本节采用 Multisim 软件中的频率响应(AC Analysis)分析功能。应用该功能时,先单击"Simulate"菜单,再打开"Analysis"子菜单,最后单击"AC Analysis",即可进入其设置对话框,如图 3-35 所示。在"Frequency Parameters"页面设置扫频范围,如本例中是 1Hz～10MHz。在"Output"页面设置输出变量,如本例中是 V(2),即滤波器输出端口的电压值。其他参数采用系统默认。

设置完毕后,单击频率响应分析设置对话框上的"Simulate"按钮,可以得到低通滤波器的幅频、相频响应图(图 3-36)。

根据式(3-15)计算可得,滤波器的截止频率 $f_c = 40kHz$。由图 3-36 可知,其截止频率为 40kHz(-3dB),对应的相位为 -45°,与理论计算结果相符合。当频率增加到 4MHz,幅度对应 -40dB,相位为 -90°。因此,此滤波器通带为 0～40kHz,过渡带约为 4MHz。

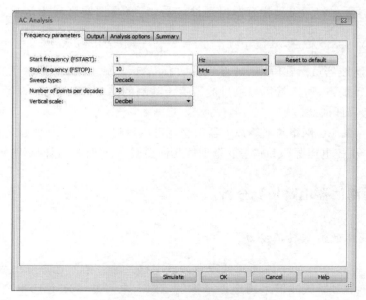

图 3-35　频率响应分析设置对话框

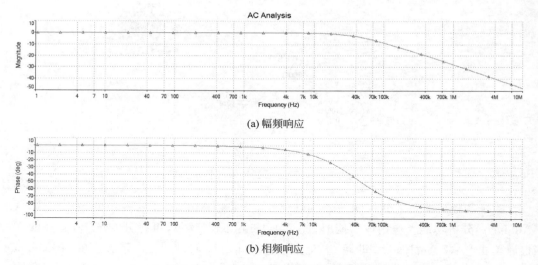

(a) 幅频响应

(b) 相频响应

图 3-36　一阶无源低通滤波器频率特性

2. 二阶无源低通滤波器仿真分析

构建如图 3-37 所示的二阶无源低通滤波器电路,其实它相当于两个图 3-34 所示的一阶低通滤波器串联。

频率响应如图 3-38 所示,其截止频率在 12kHz,输出为 -3dB,对应相位 $-45°$,当输入频率为 400kHz 时,其输出为 -40dB,对应相位 $-163°$。因此该二阶滤波器的通带为 $0\sim12$kHz。

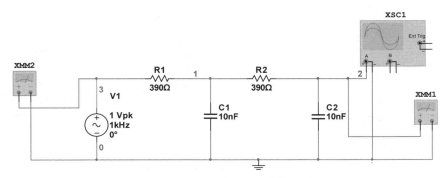

图 3-37　二阶无源低通滤波器电路

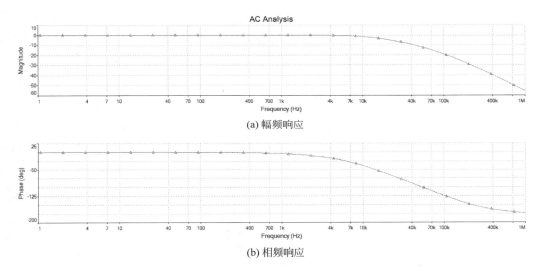

(a) 幅频响应

(b) 相频响应

图 3-38　二阶无源低通滤波器的频率响应

对比图 3-36 与图 3-38 可得如下结论：二阶滤波器通带为 12kHz，比一阶滤波器的 40kHz 略窄；二阶滤波器过渡带宽度由一阶滤波器的 4MHz 缩短到 400kHz；二阶滤波器的相位延迟大于一阶滤波器；无论一阶或者二阶，在频率小于 1kHz 时，低通滤波器的相位延迟约为 0°，此时的幅频响应为 1，因此在 0～1kHz 频段内，二者均相当于无失真传输系统。

3. 一阶有源低通滤波器仿真分析

对图 3-34 所示电路按照图 3-33(a)、(b) 的电路拓扑结构改造一下，构建一阶有源滤波器电路，如图 3-39(a)、(b) 所示。

一阶有源同相低通滤波器频率响应如图 3-40 所示，滤波器截止频率为 40kHz，对应幅度输出为 −3dB，相位约 −50°，当输入频率为 2MHz 时，对应幅度输出约为 −40dB，对应相位 −105°，因此该滤波器的通带为 0～40kHz。一阶有源反相低通滤波器频率响应如图 3-41 所示，滤波器截止频率为 40kHz，对应幅度输出为 −3dB，相位约为 132°，当输入频

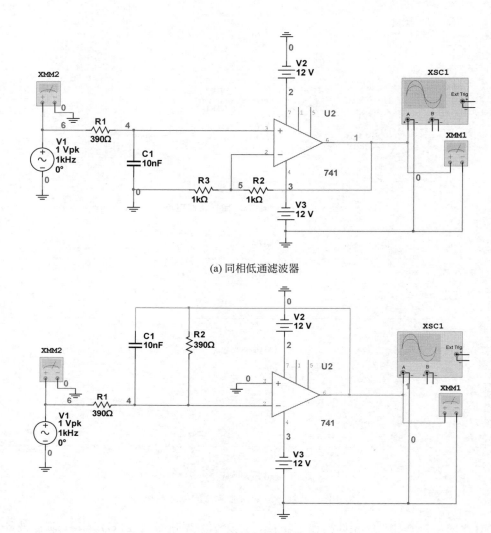

(a) 同相低通滤波器

(b) 反相低通滤波器

图 3-39　一阶有源低通滤波器电路

率为 700kHz 时,对应幅度输出约为 −20dB,对应相位 50°,因此该滤波器的通带也为 0～40kHz。

按照图 3-33 对应两种一阶有源滤波器,其截止频率理论计算值均为 40kHz,理论结果与图 3-40 和图 3-41 仿真结果相符合。

对比图 3-34 与图 3-41 低通滤波器的仿真结果可知,有源滤波器、无源滤波器的截止频率均为 40kHz,但有源滤波器的过渡带明显短于无源低通滤波器。图 3-39(b)所示有源滤波器的运放反馈通路中有电容,具有高通作用,滤波器相位为正值。

4. 二阶有源低通滤波器仿真分析

保持电容 C 和电阻 R 的数值不变,构建压控电压源型二阶有源低通滤波器电路

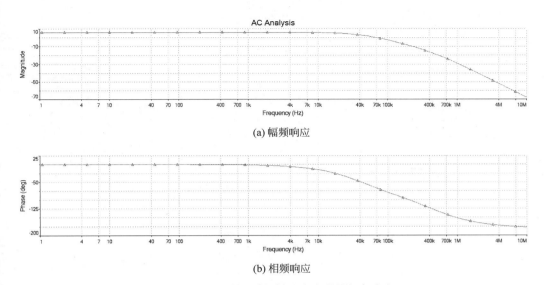

(a) 幅频响应

(b) 相频响应

图 3-40　一阶有源同相低通滤波器的频率响应

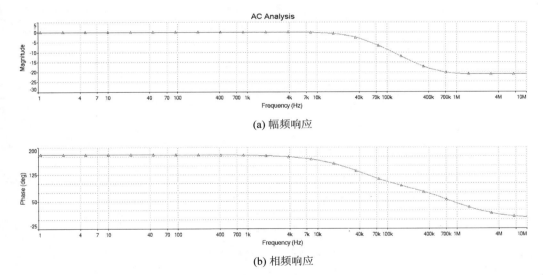

(a) 幅频响应

(b) 相频响应

图 3-41　一阶有源反相低通滤波器的频率响应

(图 3-42),相关内容可参考相关文献。

　　频率响应如图 3-43 可知,滤波器截止频率为 26kHz,对应幅度输出为 -3dB,相位约为 $-66°$,当输入频率为 320kHz 时,对应幅度输出约为 -31dB,对应相位为 $106°$,因此该滤波器的通带为 $0\sim26$kHz。

　　通过对比前面的一阶有源滤波器和无源滤波器仿真结论可知,二阶有源低通滤波器能有效使得过渡带变窄,与理想特性低通滤波器更接近。因此,在测试系统中,对于低通滤波器,只要条件允许,应该优先选择采用二阶有源低通滤波器。

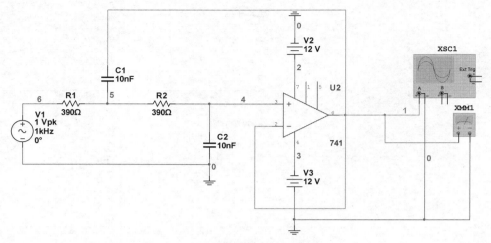

图 3-42　二阶有源低通滤波器电路

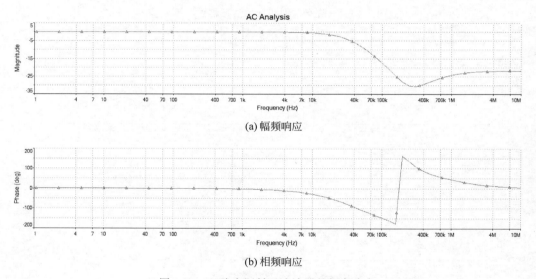

(a) 幅频响应

(b) 相频响应

图 3-43　二阶有源低通滤波器的频率响应

3.4.4　高通滤波器电路仿真分析

1. 无源高通滤波器仿真分析

构建如图 3-44 所示的二阶无源高通滤波器电路。

图 3-44 二阶无源高通滤波器的频率响应如图 3-45 所示,其截止频率在 13kHz 左右,幅值输出 −3dB,对应相位 45°,当输入频率为 15kHz 时,幅值输出为 −20dB。当频率远大于 100kHz 时,其相位为 0°。仿真分析结果与 3.4.2 节中关于高通滤波器的结论一致。

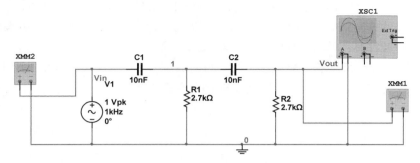

图 3-44　二阶无源高通滤波器电路

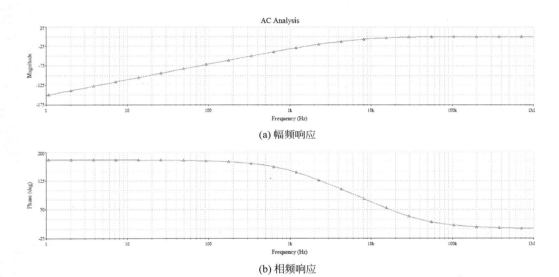

(a) 幅频响应

(b) 相频响应

图 3-45　　二阶无源高通滤波器的频率响应

2. 有源高通滤波器仿真分析

构建如图 3-46 所示的压控电压型二阶有源高通滤波器电路。

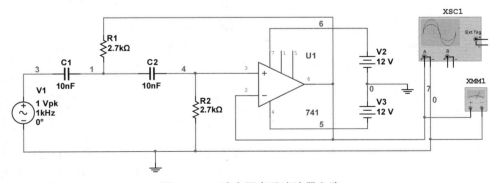

图 3-46　二阶有源高通滤波器电路

频率响应如图 3-47 所示,其截止频率在 9kHz、977kHz(—3dB 点),对应的相位为 45°和—45°。当输入频率为 2kHz、10MHz 时,其输出为—20dB,因此可以认为此滤波器的通带为 9～977kHz。与无源高通滤波器相比,通带宽度变窄。这是由于运算放大器本身具有一定的通带,相当于一个低通滤波器与高通滤波器串联。因此,在实际工作中,选择高通滤波器不同于低通滤波器,应优先选择无源高通滤波器。

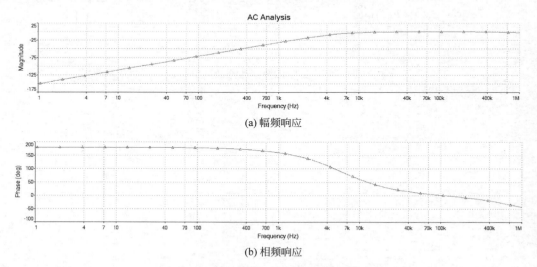

(a) 幅频响应

(b) 相频响应

图 3-47　二阶有源高通滤波器的频率响应

3.4.5　带通滤波器电路仿真分析

1. 无源带通滤波器仿真分析

构建如图 3-48 所示的无源带通滤波器电路。

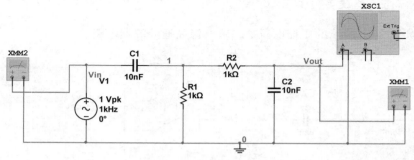

图 3-48　无源带通滤波器电路

由图 3-49 的频率响应可知,其幅度在 16kHz 时最大,幅度约为 0.333,未达到 0.707 (—3dB)。造成这一现象的原因在于图 3-48 带通滤波器电路本质上就相当于一个高通滤波器和低通滤波器串联,由于负载效应的影响,导致其信号在传输过程中损失,这也是采用无源带通滤波器电路必须考虑的问题。从幅频特性曲线的形状来看,电路特性的确表现出了带通特性。

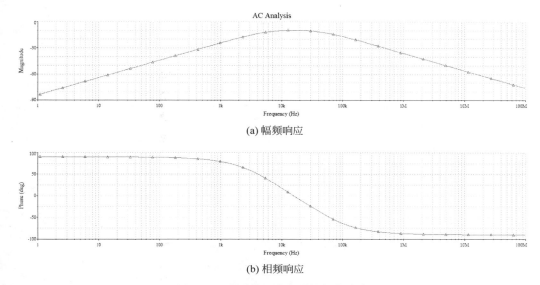

(a) 幅频响应

(b) 相频响应

图 3-49　无源带通滤波器的频率响应

2. 有源带通滤波器仿真分析

构建如图 3-50 所示的有源带通滤波器电路。在此电路中,相当于图 3-48 的无源带通滤波器与一个跟随器相连,其目的在于提高无源带通滤波器的带载能力。

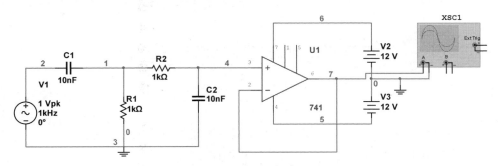

图 3-50　有源带通滤波器电路

电路的频率响应如图 3-51 所示,其幅度在 160kHz 时最大,约为 1(0dB),在 32kHz 和 1MHz 达到 0.707(−3dB),带通滤波器的通带为 32kHz~1MHz。通过此例可知,相比无源带通滤波器,由于跟随器的作用,可以有效避免负载效应的影响,而且由于负反馈的影响,带宽变大。由图 3-51 的相频响应图可知,其相位为 −90°以下,与无源带通滤波器相频响应相比,延迟加大。

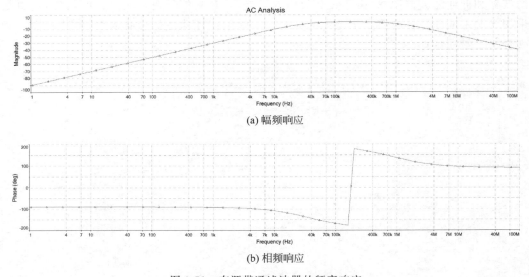

(a) 幅频响应

(b) 相频响应

图 3-51　有源带通滤波器的频率响应

思考题

1. 改变本节仿真案例电路中的参数,利用频率响应分析功能,分析其幅频和相频响应。

2. 独立设计一个带阻滤波器仿真电路,并分析其幅频和相频响应。

3. 阅读相关文献,设计大于 3 阶的高阶有源低通和高通滤波器,分析其幅频和相频响应。

3.5　案例 4　计算机测试系统接口电路仿真分析

3.5.1　实践目标

(1) 通过仿真案例,掌握计算机测试系统接口电路组成及工作原理。

(2) 掌握计算机测试系统接口电路分析和设计方法。

3.5.2　计算机测试系统接口电路

计算机测试系统的接口电路主要包括多路模拟开关、采样/保持电路、A/D 与 D/A 转换器。虽然现在很多 A/D、D/A 转换器中已经将多路模拟开关和采样保持电路都集成在单个芯片上,但是将其分开学习,更容易掌握各电路的用途和存在的价值,对学生理解测试系统工作原理是十分有益的。

1. 多路模拟开关

实际的测试系统通常要进行多参量测量,即采集来自多个传感器的输出信号,如果每一路信号都采用独立的信号调理、采样/保持、A/D 转换,则系统成本将比单路成倍增加,而且系统体积庞大。同时,由于模拟器件、阻容元件参数、特性不一致,给系统的校准带来很大困难。为此,通常采用多路模拟开关来实现信号测量通道的切换,将多路输入信号分时输入,共用输入回路进行测量。

对于一个多路模拟开关的技术指标要求是:导通电阻小,断开电阻大。此外,要求各输入通道之间有良好的隔离,以免互相串扰。在以前的数控系统中,大多采用干簧继电器作为多路开关,结构简单,闭合电阻小,断开阻抗高,不受环境温度影响,一度应用较多。目前,计算机测试系统中常采用 CMOS 场效应模拟电子开关,其导通电阻一般在 200Ω 以下,关断时漏电流一般可达纳安甚至皮安级,开关时间为几百纳秒。与传统的机械触点式开关相比,模拟电子开关有功耗低、体积小、易于集成、速度快等特点,近年来得到了广泛的应用。但在某些特殊场合,如低速但要求高精度或高隔离度的数据采集系统中,以干簧管、继电器为代表的机电式多路模拟开关仍被采用。

2. 采样/保持电路

由于 A/D 转换器的转换过程需要一定时间,因而采样值在 A/D 转换过程中要能够保持不变,否则,转换精度会受到影响,尤其是当被测信号变化较快时更是如此。有效的措施是在 A/D 转换器前级设置采样/保持电路,能够完成这一工作的电路称为采样/保持器(简称 S/H)。

采样/保持器(Sample/Hold)的原理如图 3-52 所示。图中 A_1 及 A_2 为理想的同相跟随器,其输入阻抗及输出阻抗分别趋于无穷大及零。控制信号在采样时使开关 S 闭合,此时存储电容器 C_H 迅速充电达到输入电压 V_x 的幅值,同时充电电压 V_c 对 V_x 进行跟踪。控制信号在保持阶段时使开关 S 断开,此时为理想状态(无电荷泄漏路径),电容器 C_H 上的电压 V_c 可以维持不变,并通过 A_2 送到 A/D 转换器进行模/数转换,以保证 A/D 转换器进行模/数转换期间其输入电压是稳定不变的。

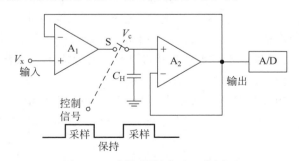

图 3-52 采样/保持电路工作原理

采样/保持器实现了对一连续信号 $V_x(t)$ 以一定时间间隔快速取其瞬时值的功能。

该瞬时值是保持指令下达时刻 V_c 对 V_x 的最终跟踪值,该瞬时值保存在记忆元件——电容器 C_H 上,供 A/D 转换器再进一步进行量化。采样/保持器是以"快采慢测"的方法实现对快变信号进行测量的有效手段。

3. A/D 转换器

在测试系统中,常需要将检测到的连续变化的模拟量,如力矩、加速度、压力、流量、速度、光强等(一般为电压信号),转变成离散的数字量,才能输入计算机中进行处理。实现模拟量到数字量转变的设备通常称为模/数转换器(Analog-Digital Converter),简称 A/D 转换器。下面简要介绍 A/D 转换器的基本原理和分类。

根据 A/D 转换器的原理可将 A/D 转换器分成两大类,一类是直接型 A/D 转换器,将输入的电压信号直接转换成数字代码,不经过中间任何变量;另一类是间接型 A/D 转换器,将输入的电压转换成某种中间变量(时间、频率、脉冲宽度等),再将这个中间量变成数字代码输出。

尽管 A/D 转换器的种类很多,但目前广泛应用的主要有四种类型:逐次逼近式 A/D 转换器、双积分式 A/D 转换器、Σ-Δ 型 A/D 转换器、V/F 变换式 A/D 转换器。

逐次逼近式 A/D 转换器的基本原理是:将待转换的模拟输入信号与一个推测信号进行比较,根据二者大小决定增大还是减小输入信号,以便向模拟输入信号逼近。推测信号由 D/A 转换器的输出获得,当二者相等时,向 D/A 转换器输入的数字信号就对应模拟输入量的数字量。这种 A/D 转换器一般速度很快,但精度一般不高。常用的有 ADC0801、ADC0802、AD570 等芯片。

双积分式 A/D 转换器的基本原理是:先对输入模拟电压进行固定时间的积分,然后转为对标准电压的反相积分,直至积分输入返回初始值,这两个积分时间的长短正比于二者的大小,进而可以得出对应模拟电压的数字量。这种 A/D 转换器的转换速度较慢,但精度较高。由双积分式发展为四重积分、五重积分等多种方式,在保证转换精度的前提下提高了转换速度。常用的有 ICL7135、ICL7109 等芯片。

Σ-Δ 型 A/D 转换器由积分器、比较器、1 位 D/A 转换器和数字滤波器等组成。原理上近似于积分型,将输入电压转换成时间(脉冲宽度)信号,用数字滤波器处理后得到数字值。电路的数字部分基本上容易单片化,因此容易做到高分辨率,主要用于音频和测量。这种转换器的转换精度极高,达到 16～24 位的转换精度,价格低廉;缺点是转换速度比较慢,比较适合用于对检测精度要求很高但对速度要求不是太高的检验设备。常用的有 AD7705、AD7714 等芯片。

V/F 转换器是把电压信号转换成频率信号,有良好的精度和线性,而且电路简单,对环境适应能力强,价格低廉,适用于非快速的远距离信号的 A/D 转换过程。常用的有 LM311、AD650 等芯片。

A/D 转换器的主要技术参数如下。

(1) 分辨率:使输出数字量变化一个相邻数码所需输入模拟电压的变化量,习惯上以输出二进制位数表示,也称为精度。例如,一个 10V 满刻度的 12 位 A/D 转换器能分辨输入电压变化最小为 $10 \times 1/2^{12} = 2.4\mathrm{mV}$。

（2）量化误差：由于 A/D 转换的有限分辨率引起的误差，通常是 1 个或半个最小数字量的模拟变化量，表示为 1LSB、1/2LSB。

（3）转换时间 T_C：完成一次 A/D 转换的时间，如 $1\mu\mathrm{s}$。

（4）转换速率：转换时间的倒数。例如当 $T_\mathrm{C} = 20\mathrm{ns}$ 时，其转换速率为 50MS/s，即每秒完成 50×10^6 次 A/D 转换。

4．D/A 转换器

将数字量转换成模拟量的器件或装置称为数/模转换器，简写为 D/A 转换器。它位于计算机数据采集板的输出通道，是计算机测试系统后向通道（输出通道）的主要环节。

D/A 转换器的输入数字量 D（数字代码）、输出模拟电压 V_o 和参考电压 V_R 的关系为

$$V_\mathrm{o} = DV_\mathrm{R} \tag{3-20}$$

若 D 为二进制数字量，即 $D = a_1 2^{-1} + a_2 2^{-2} + \cdots + a_i 2^{-i} + \cdots + a_n 2^{-n}$（$a_i = 0$ 或 1），则

$$V_\mathrm{o} = V_\mathrm{R}(a_1 2^{-1} + a_2 2^{-2} + \cdots + a_i 2^{-i} + \cdots + a_n 2^{-n}) = V_\mathrm{R} \sum_{i=1}^{n} a_i 2^{-i} \tag{3-21}$$

或

$$V_\mathrm{o} = \frac{V_\mathrm{R}}{2^n} \sum_{i=1}^{n} a_i 2^{n-i} \tag{3-22}$$

式中，a_1——最高有效位（MSB-Most Significant Bit）；a_n—— 最低有效位（LSB-Least Significant Bit）；n——D/A 转换器输入数字量的位数；$\dfrac{V_\mathrm{R}}{2^n}$——D/A 转换器的量化单位。

D/A 转换器的主要技术参数如下。

（1）分辨率：当输入数字发生单位数码变化（即 LSB 产生一次变化）时，所输出模拟量的变化量称为分辨率，通常用输入数字量的位数表示。对于 5V 满量程，采用 8 位 D/A 转换器时，分辨率为 5/256 = 19.5mV。

（2）线性度：实际转换特性曲线与理想直线特性之间的最大偏差。常以相对于满量程的百分数表示。如 $\pm 1\%$ 是指实际输出值与理论值之差在满量程的 $\pm 1\%$ 以内。

（3）响应时间：输入数字量变化后，输出模拟量稳定到相应数值范围内（通常为 1/2LSB）所经历的时间。

3.5.3　多路模拟开关电路仿真分析

ADG508 是一种典型的 CMOS 模拟开关，8 个输入通道，1 个输出通道，可以通过芯片本身的译码电路来控制其通道的选择。

构建如图 3-53 所示电路。V3 和 V4 模拟两路输入信号,其中 V3 为 1kHz 的正弦信号,峰值为 1V,V4 为 1kHz 的矩形波信号,TTL 电平。V3 输入 ADG508 的 S1 通道,V4 输入 S8 通道,公共输出端为 D,接 LM358 运算放大器的同相输入端 3。由于 LM358 此处连接成了跟随器,所以 LM358 的输出端 1 信号波形与输入端相同。ADG508 通道选择控制则取决于其译码逻辑单元,在 EN 脚为逻辑高的情况下,通道接通取决于 A0、A1、A2 的逻辑组合。在图 3-52 中,A0、A1、A2 为"000",接通 S1 与公共输出端 D。图 3-54 表明了此时的 V3 信号通过了模拟开关,V4 信号被阻挡。

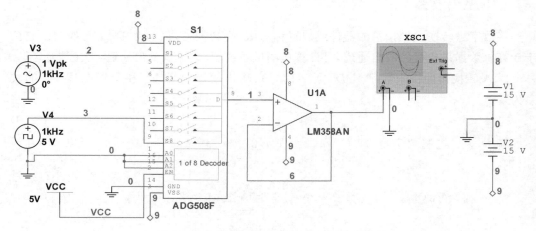

图 3-53　多路模拟开关电路输入通道选择 S1

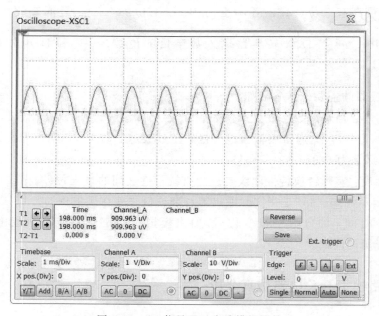

图 3-54　V3 信号通过多路模拟开关

如果将 A0、A1、A2 接为如图 3-55 所示的"111",则 S8 通道与公共输出通道接通,V4
矩形波信号输出,V3 信号被阻挡,波形如图 3-56 所示。

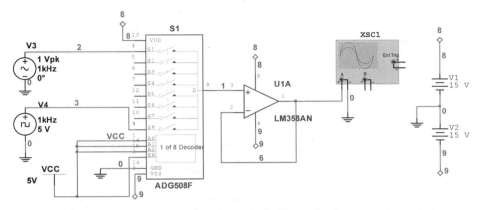

图 3-55　多路模拟开关电路输入通道选择 S8

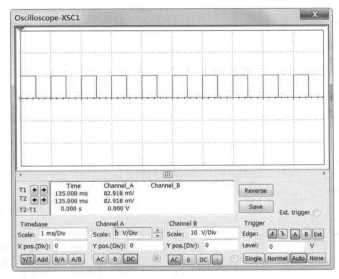

图 3-56　V4 信号通过多路模拟开关

3.5.4　采样/保持电路仿真分析

构建如图 3-57 所示的采样/保持电路。被采样信号由 V1 输出,100Hz 的正弦波,峰
值为 1V。采样开关用受控开关 S1 代替,其通断受到 V2 输出的信号控制。本例中,控制
信号是 2kHz 的矩形波,需要注意的是,为了使输出信号的台阶效应更明显,需要将矩形
波的占空比设置在 5% 以下。图 3-58 是采样/保持电路的输入和输出信号。经过采样/
保持电路后的信号,可以有效地克服 A/D 转换器的"孔径效应",正确地完成 A/D 转换。

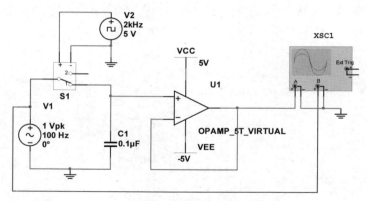

图 3-57　采样/保持电路

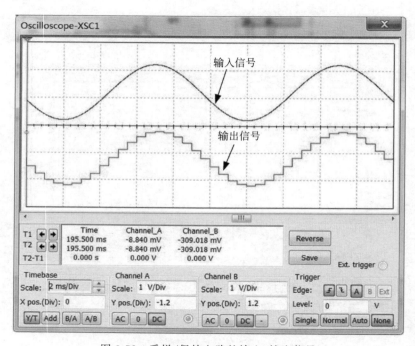

图 3-58　采样/保持电路的输入、输出信号

3.5.5　A/D 转换电路仿真分析

构建如图 3-59 所示的 8 位 A/D 转换电路。本例中 U1 是 ADC 器件,可将输入的模拟信号转换成 8 位数字信号输出,其引脚的说明如下。

Vin:模拟电压输入端子。

Vref+:参考电压"+"端子,接直流参考源的正端。

Vref-:参考电压"-"端子,一般与地连接。

SOC：启动转换信号端子，只有端子电平从低电平变成高电平时，转换才开始，转换时间为 $1\mu s$，期间 EOC 为高电平。

EOC：转换结束标志位端子，高电平表示转换结束。

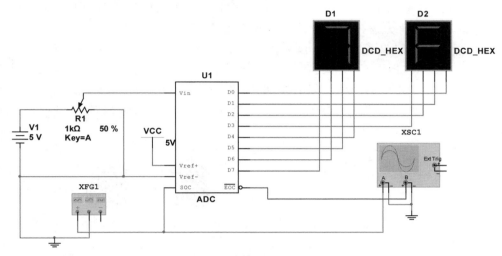

图 3-59　8 位 A/D 转换电路

模拟量输入电压通过改变电位器 R1 来实现，在仿真电路中可观察到 2 个虚拟数码管 D1、D2 的数值变化。在图中，模拟量输入为 2.5V，数码管显示"7F"，根据 8 位 A/D 转换规则，对应模拟电压 2.49V，正确。

XFG1 中设置输出 10kHz 的矩形波，TTL 电平，这也就代表 A/D 转换器的采样频率为 10kHz，换言之，相当于 A/D 转换器的启动信号为 10kHz。A/D 转换期间 EOC 为高电平，持续时间为 $1\mu s$，如图 3-60 所示。

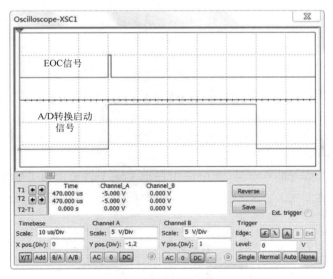

图 3-60　A/D 转换启动信号和 EOC 信号

3.5.6 D/A 转换电路仿真分析

为了更清晰地展示 A/D、D/A 的过程,对图 3-59 所示电路进行改进,在输入端,将直流输入+5V 改为正弦输入信号 V1,其峰值为 2V,20Hz,偏移量为 2V。注意,这里 V1 设置时一定要设置偏移量,读者可以考虑一下为什么。在 U1 输出端 D0∼D7 上,连接一个 DAC 芯片 U2,完成 8 位 D/A 转换。本电路中所用 DAC 芯片是电流型 DAC,即 IDAC。IDAC 选用默认设置即可,如果不满意,可以打开其设置对话框重新设置。XFG1 输出设置为 1kHz 矩形波,符合 TTL 电平。改进后的电路如图 3-61 所示。

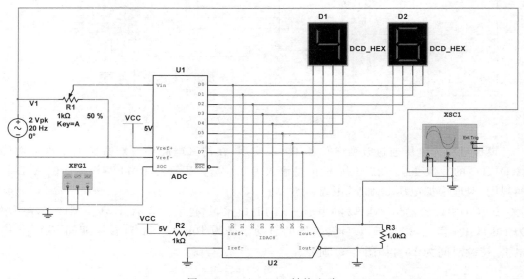

图 3-61 A/D、D/A 转换电路

按下仿真开关,打开示波器 XSC1,其上显示 A/D 转换电路输入的模拟信号以及 IDAC 输出的信号波形,如图 3-62 所示。输入信号为正弦波,其 VPP 为 4V,输出信号为"台阶式"正弦波,其 VPP 为 2V,这是因为输入信号经过电位计 R1 后,其幅度减少了一半所致。

为了将 D/A 输出的"台阶式"信号变为光滑的模拟信号,需要在输出端接上滤波电容 C1,如图 3-63 所示。

从图 3-64 输出信号波形可见,此电路很好地实现了将模拟信号通过 A/D 转换电路变为数字信号,再通过 D/A 转换电路变换回模拟信号的一个完整过程。

思考题

1. 利用本节中所提供的例子程序,完成仿真实验。

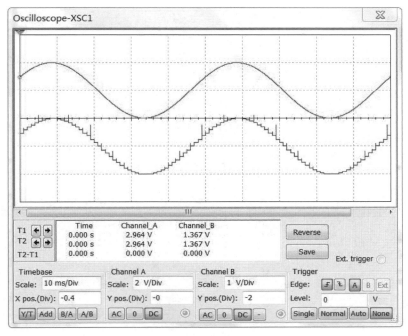

图 3-62　A/D 输入信号和 D/A 输出信号

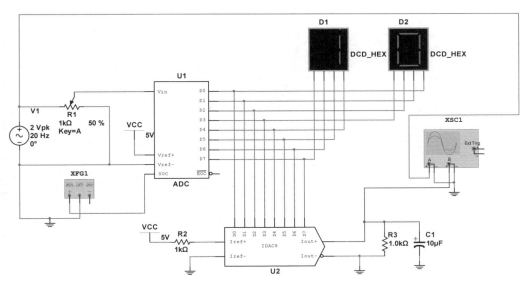

图 3-63　输出端接上滤波电容 C1

2. 查阅相关文献,独立设计模拟多路开关电路和采样/保持电路,并利用软件验证其工作过程。

3. 改变本节中所用到的模/数、数/模和仿真电路的结构,验证其工作过程。

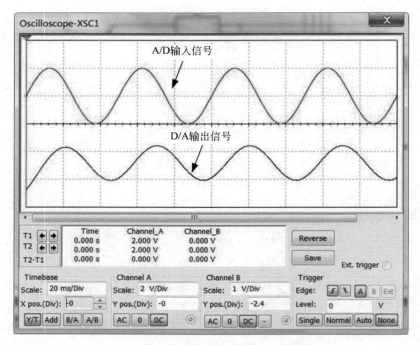

图 3-64 加滤波电容后的输入信号与输出信号

第二篇

测试技术实体实验及工程案例

第

4

章

测试技术基础理论教学实验

4.1 信号采集与时频参数分析

4.1.1 实验目的

(1) 学习示波器、信号发生器的基本使用方法。

(2) 利用信号发生器产生特定函数信号,并能利用大容量存储器采集其波形。

(3) 掌握利用示波器对信号的时域参数的准确测量方法。

(4) 利用 FFT 功能对信号的频域参数进行准确测量和分析。

(5) 利用 FFT 功能验证傅里叶变换的时移特性。

(6) 观察 AM 信号和线性扫频信号的频谱。

4.1.2 实验设备

序　号	名　　称	型　号	数　量
1	数字示波器	DS1072U	1
2	信号发生器	DG1022U	1

4.1.3 实验原理

数字示波器和信号发生器是测试技术实践中常用的实验设备。由于采用了信号高速采集、分析、存储技术,现代数字示波器的功能已大大拓展,不再是一个简单的信号波形显示器。它可以实现信号多种时域参数分析,甚至可以进行简单的频域分析,如信号实时 FFT 分析与显示。除此之外,数字示波器具有内部存储器和 USB 接口,利用 USB 存储设备可以轻松地将所测信号数据导出,为使用者开展进一步分析提供了极大的便利。

同样,由大规模可编程逻辑电路、高速数/模转换、嵌入式系统技术构成的信号发生器,不仅可以实时输出正弦、矩形、三角等常规信号波形,而且可以输出 sinc、Guass、Direc 等函数波形,以及 AM、FM 调制波,为使用者提供了大量不同种类的信号可供选择。

因此,在学习信号分析部分内容时,利用数字示波器作为数据采集设备,信号发生器作为信号产生设备,二者组合构成最基本的信号采集分析实验系统,不仅可以掌握这两种常用测试仪器的基本操作技能,而且对于理解时域参数分析、傅里叶变换的性质、信号的频域特性等概念有极大的帮助,可以提高相关理论的学习效率。

4.1.4　实验步骤

1. 正弦信号的产生、采集、存储

（1）利用信号发生器产生 1 路正弦波，其频率为 1kHz，幅度为 2V，相位为 0°，无零点偏移。

（2）利用数字示波器的"Auto"功能采集该信号并显示出来，测量信号的峰-峰值及频率。

（3）利用 U 盘将示波器获得的波形采集下来，保存为图片文件。

2. 多种函数信号的产生

（1）利用信号发生器产生 5kHz 的方波、三角波，幅度为 5V，有 0.5V 的零点偏移，利用 U 盘将示波器获得的波形采集下来，保存为图片文件。

（2）利用信号发生器默认参数产生指数信号、正切信号，并利用 U 盘将示波器的波形采集下来，保存为图片文件，然后将数据保存成为 CSV 格式数据文件。

3. 利用光标测量功能测试信号的时域参数

利用信号发生器默认参数产生一个 sinc 函数，利用示波器的垂直光标测试功能测量第一个峰值和第二个峰值，并利用水平光标测量第一个峰值与第二个峰值之间的时间间隔。

4. 使用光标测定 FFT 波形

（1）利用信号发生器产生幅度为 2V 的 10kHz 的方波，利用 FFT 分析功能，观察方波的基波、倍频波幅值。

（2）利用垂直光标测定 FFT 幅值，将方波的基波、倍频幅度值测量出来，采用 Vrms 为幅度单位。利用水平光标测定基波与倍频之间的频率差并记录。

（3）利用 U 盘将示波器获得的 FFT 分析窗口采集下来，保存为图片文件。

（4）将方波换为三角波，重复以上过程。

5. 验证傅里叶变换的时移特性

（1）利用信号发生器的 CH1、CH2 同时产生相位相同、幅度为 2V 的 1kHz 的正弦波，利用示波器 FFT 分析功能，观察 CH1、CH2 的频谱。

（2）将 CH2 输出波形的相位分别调整为 −30°、30°，观察 CH1、CH2 的频谱有何变化。

（3）利用 U 盘将示波器获得的 FFT 分析窗口采集下来，保存为图片文件。

（4）将正弦波换为方波，重复以上过程。

6. 观察 AM 信号频谱

(1) 利用信号发生器 CH1 产生载波为 1kHz、被调制波 200Hz 的正弦波,利用示波器 FFT 分析功能,观察 CH1 的频谱。

(2) 利用 U 盘将示波器获得的 FFT 分析窗口采集下来,保存为图片文件。

(3) 将载波变换为方波,重复以上过程。

7. 观察线性扫频信号频谱

利用信号发生器线性扫频信号的默认设置通过 CH1 输出线性扫频信号,利用示波器 FFT 分析功能,观察 CH1 的频谱。

思考题

1. 研究利用本节的实验系统还能够验证傅里叶变换的什么性质。
2. 学习本节所用信号发生器计数功能的使用方法。

4.2 电涡流传感器标定

4.2.1 实验目的

(1) 了解电涡流传感器的结构、原理、工作特性。
(2) 完成电涡流位移传感器的静态标定实验。
(3) 了解不同材料的被测体对电涡流位移传感器特性的影响。
(4) 了解被测体材料的厚度对电涡流位移传感器特性的影响。

4.2.2 实验设备

序　号	名　　称	型　号	数　量
1	电涡流传感器探头	DO-404	1
2	电涡流变换器	DO-504	1
3	静态位移校准装置	YX8841	1
4	稳压电源	DP832A	1
5	三位半万用表	MY61	1
6	坐标纸		1

实验系统连接如图 4-1 所示,其中图(a)为标定系统的框图,图(b)为实物连线图。

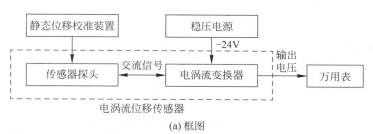

(a) 框图

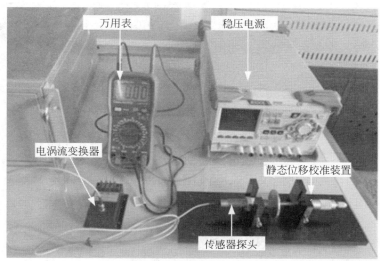

(b) 实物连线图

图 4-1 电涡流位移传感器标定系统

4.2.3 实验原理

电涡流式传感器由传感器线圈和金属涡流片组成,如图 4-2 所示。根据法拉第定律,当传感器线圈通以正弦交变电流 i 时,线圈周围空间会产生正弦交变磁场 B,可使置于此磁场中的金属涡流片产生感应涡电流 i_1,i_1 又产生新的交变磁场 B_1。根据楞次定律,B_1 的作用将反抗原磁场 B,从而导致传感器线圈的阻抗 Z 发生变化。由上可知,传感器线圈的阻抗发生变化的原因是金属涡流片的电涡流效应。而电涡流效应又与金属涡流片的电阻率 ρ、磁导率 μ、厚度、温度以及与线圈和导体的距离 x 有关。当电涡流线圈、金属涡流片以及激励源确定后,并保持环境温度不变,则阻抗 Z 只与距离 x 有关。将阻抗变化经涡流变换器变换成电压 U 输出,则输出电压 U

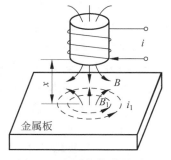

图 4-2 电涡流传感器原理

是距离 x 的单值函数,确定 U 和 x 的关系称为标定。当电涡流线圈与金属被测体的相对位置发生变化时,涡流量及线圈阻抗的变化经涡流变换器转换为相应的电压信号。

4.2.4　实验步骤

1．静态特性标定

（1）安装电涡流传感器探头在静态位移校准台架上。如图 4-3（a）所示，在静态位移校准台架左侧固定电涡流传感器探头，台架的右侧有螺旋测微器，前端安装有铁质涡流片（以下简称铁片），适当调节传感器探头与铁片的距离，使其与被测铁片基本接触，注意两者必须保持平行，安装后实物连接如图 4-3（b）所示。

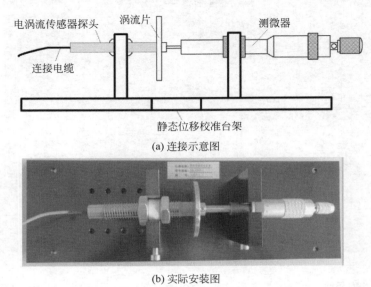

(a) 连接示意图

(b) 实际安装图

图 4-3　电涡流传感器探头与位移校准台架安装图

（2）调节直流稳压电源电压到 24V，然后关闭电源开关。将电涡流变换器的－24V 电源输入端（红线）接在稳压电源的"－"端，将电涡流变换器的公共端（黑线）接入稳压电源的"＋"端，将传感器探头电缆连接在变换器的相应插座上，如图 4-4 所示。

（3）打开万用表，将电涡流变换器的输出端（OUT）连接万用表红色表笔，公共端（COM）接万用表黑色表笔，利用万用表读取涡流变换器的输出电压。

图 4-4　电涡流变换器

（4）开始读取电压值，旋动测微头使电涡流传感器探头离开铁片，并逐渐增大探头与铁片之间的距离，每移动 0.1mm 记录测微器的读数 x 和相应的涡流变换器输出电压 U 直至线性严重变坏为止，将数据填入如表 4-1 所示的样表中。

（5）在坐标纸上以 U 为纵坐标、x 为横坐标作出 U_1-x 曲线（定度曲线）。从 U_1-x 曲线中指出系统的线性范围,并与传感器的量程(实验中所用传感器的量程 A＝ 4mm)进行对比。

(6) 对上述数据采用最小二乘法进行拟合,求出灵敏度,并绘制拟合直线。计算非线性度。

拟合直线: $y＝ax＋b$

灵敏度: $S＝\dfrac{\Delta y}{\Delta x}＝a$

表 4-1 涡流传感器输出电压与位移对应情况

序号	mm 厚铁片			
	正行程		反行程	
	位移/mm	电压/V	位移/mm	电压/V
1				
2				
3				
...	...	...	...	...
n				

非线性度 $＝B/A\times100\%$(B 为定度曲线与拟合直线的最大偏差)

下面叙述最小二乘法原理。

已知: x_i 为电涡流传感器探头与涡流片之间的距离,y_i 为实测电压值。

计算原理: 将 x_i 值代入拟合模型 $y＝ax＋b$,得到 $ax_i＋b$,求使得 $\varphi＝\sum\limits_{i=1}^{n}(ax_i-y_i)^2$ 最小的 a 和 b 的值,即可得到拟合模型。

计算方法: 令 $\dfrac{\partial \varphi}{\partial a}＝0,\dfrac{\partial \varphi}{\partial b}＝0$ 可使 φ 最小。

$$\frac{\partial \varphi}{\partial a}＝2a\sum_{i=1}^{n}x_i^2＋2b\sum_{i=1}^{n}x_i－2\sum_{i=1}^{n}x_iy_i＝0$$

$$\frac{\partial \varphi}{\partial b}＝2a\sum_{i=1}^{n}x_i＋2nb－2\sum_{i=1}^{n}y_i＝0$$

解上述方程即可得到 a 和 b 的值。

(7) 逐渐减小电涡流传感器探头与铁片之间的距离,每移动 0.1mm 记录测微头的读数 x 和相应的涡流变换器输出电压 U',作回程曲线 U'-x,计算回程误差。

$$回程误差＝\frac{h_{max}}{A}\times100\%$$

其中,h_{max} 为同一输入量下所得输出的最大差值。

(8) 重复上述实验,观察系统的重复性。

2．不同材料被测体对电涡流传感器输出特性的影响

（1）按上述实验再分别对铜和铝质涡流片进行测试和标定，记录数据，在同一坐标作出 U-x 曲线。

（2）分别计算出不同材料被测体的线性工作范围和灵敏度并进行比较，做出定性结论。

（3）再将金属涡流片之间插入玻璃片或塑料片等，改变电涡流传感器探头的位置，观测电压有无变化。

3．被测体材料的厚度对电涡流传感器特性的影响

（1）按静态特性标定的步骤再分别对不同厚度的铁质涡流片进行测试和标定，记录数据，在同一坐标作出 U-x 曲线。

（2）分析被测体材料的厚度对电涡流传感器特性的影响。

思考题

1．简述电涡流传感器的原理。

2．不同材料涡流片对电涡流传感器灵敏度有何影响？

3．电涡流传感器在使用过程中应注意哪些事项？

4.3　加速度传感器标定

4.3.1　实验目的

（1）掌握压电加速度传感器灵敏度的定义。

（2）熟悉振动校准仪结构及工作原理。

（3）会利用比较法标定 PE、IEPE 型加速度传感器灵敏度，了解其他标定方法。

（4）掌握压电加速度传感器动态特性标定方法。

4.3.2　实验设备

序　号	名　称	型　号	数　量
1	振动校准仪	YX-5503	1
2	压电加速度传感器	YD-107	1
3	压电加速度传感器	YD-185	1
4	电荷放大器	YE-5852B	1
5	示波器	DS1104	1
6	三位半万用表	MY61	1

实验系统连接如图 4-5 所示,其中图 4-5(a)是连接框图,图 4-5(b)是实际连接图。

(a) 连接框图

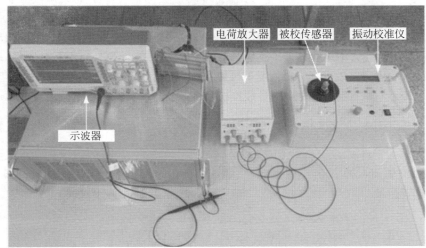

(b) 实际连接图

图 4-5　压电加速度传感器灵敏度标定系统

4.3.3　实验原理

1. 压电加速度传感器灵敏度定义

压电加速度传感器的灵敏度有两种定义方法:当它与电荷放大器配合使用时,用电荷灵敏度 S_Q 表示。即

$$S_Q = \frac{Q}{a}(\text{pC/m} \cdot \text{s}^{-2})$$

与电压放大器配合使用时用电压灵敏度 S_V 表示。即

$$S_V = \frac{U_a}{a}(\text{mV/m} \cdot \text{s}^{-2})$$

式中,Q——压电传感器输出电荷(pC);U_a——压电传感器的开路电压(mV);a——被测加速度(m · s^{-2})。

2. 压电加速度传感器灵敏度标定方法

实验室常用的标定方法一般有校准台法、比较法和互易法三种。

（1）校准台法。加速度传感器校准台是一个能产生一定频率和一定加速度峰值的振动台。将被标定的加速度传感器直接安装在振动系统的台面上，使其承受设定峰值加速度的振动，根据前置放大器的输出电压值便可确定加速度传感器的灵敏度值。这种标定方法的精度为62%。注意电荷放大器是先将加速度传感器输出的电荷量转化为电压量，然后再经放大输出。确定传感器的电荷灵敏度时，要考虑放大器的增益。

（2）比较法。此法是取一个经过计量部门标定过的加速度传感器和前置放大器作为基准，与需要校准的加速度传感器作对比试验，确定被标定传感器的灵敏度。标定时，将被标定传感器与基准传感器按背靠背的方法装在同一轴线上，承受同样的振动。分别测量出被标定传感器与基准传感器的输出振动量，然后折算出被标定传感器的灵敏度。

（3）互易法。此法不是通过直接测量振动量来确定灵敏度，而是应用互易原理，采用测量其他电量的方法求得灵敏度。一般情况下可以用两个同类型的加速度传感器进行互易，也可以用加速度传感器与振动台内部的速度线圈进行互易。这种方法的标定精度可达0.5%。

3. YX-5503 振动校准仪

1）组成

YX-5503 振动校准仪由小型振动台、功率放大器、电荷放大器、IEPE 适调器、电压放大器、A/D 转换器、标准加速度传感器、液晶显示器等部分组成（图 4-6）。

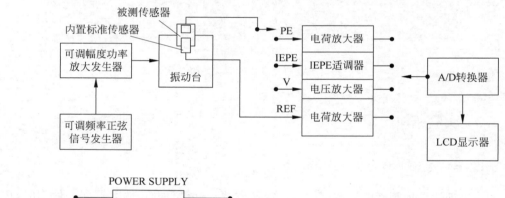

图 4-6　YX-5503 结构示意图

YX-5503 振动校准仪内置一标准加速度传感器，与被测传感器采用背对背方式安装，因此是通过比较法进行测试和校准的。

2）工作原理

振动校准仪内部信号源产生频率可连续调节的标准正弦信号，经输出功率可调的功率放大器，推动小型振动台产生振动源，激励被测传感器，使其处于振动状态。通过内置标准加速度传感器，经电荷放大器调理、A/D 转换、内部运算后，测出振动台输出振动的幅值和频率，通过 LCD 直接显示。根据被测传感器类型，将被测传感器的输出信号送入相应的调理器。LCD 直接显示被测传感器的输出幅度，根据标准传感器测试的振动幅度，可以读出或计算出被测传感器的灵敏度。

3）仪器显示符号说明

由于仪器 LCD 显示屏尺寸小，对一些符号进行了简化，为了便于识别和使用，说明如下：

➤ $m \cdot s^{-2}$：振动加速度；

➤ $mm \cdot s^{-1}$：振动速度；

➤ μm：振动位移；

➤ pC：压电加速度传感器输出的电荷量；

➤ mV：电压输出型传感器电压量；

➤ REF：指内置的标准加速度传感器 Reference；

➤ IEP：指 IEPE(ICP) 类型的加速度传感器。

4.3.4　实验步骤

1. 利用比较法标定传感器灵敏度

（1）将加速度传感器用 M5 螺丝头固定在校准仪振动台面上，用电缆线连接好传感器与传感器相对应的"TYPE"功能输入端。

（2）打开电源，通过"TYPE-类型"键选择"REF"状态，调节"Amplitude Adjust-幅度"调节旋钮和"ADJ FREQ-频率"调节按键将振动调至所需的幅度和频率（例如，$9.8 m/s^2$ 和 160Hz），使 LCD 显示为 $9.8 m/s^2$ 和 160Hz。

（3）在测试电荷输出传感器灵敏度时，选择"PE"（电荷输出型传感器）；同理，测试 IEPE 电压输出传感器灵敏度时，选择"IEP"（IEPE 电压输出型传感器），测试电压输出型传感器灵敏度时，选择"V"（电压输出型传感器）。LCD 将直接显示在此条件下的灵敏度。

（4）将所测得的数值填写入表 4-2、表 4-3 中。

表 4-2　PE 型加速度传感器（YD-107）灵敏度标定实验数据

名　　称	数　值	名　　称	数　值
激振频率/Hz		传感器电荷灵敏度标称值/(pC·$m^{-1}s^2$)	
输入加速度幅值/($m \cdot s^{-2}$)		电荷灵敏度实际值/(pC·$m^{-1}s^2$)	

表 4-3　IEPE 型加速度传感器（YD-185）灵敏度标定实验数据

名　　称	数　值	名　　称	数　值
激振频率/Hz		传感器电荷灵敏度标称值/(pC·$m^{-1}s^2$)	
输入加速度幅值/($m \cdot s^{-2}$)		电荷灵敏度实际值/(pC·$m^{-1}s^2$)	

2. 利用校准台法标定传感器灵敏度

（1）将加速度传感器用 M5 螺丝头固定在校准仪振动台面上。

（2）将被标定的加速度传感器与电荷放大器的输入端连接；将电荷放大器的输出端与数字万用表的交流电压输入端连接，输入电压一般应小于 2V。实验仪器连接框图如图 4-7 所示。注意：电荷放大器的设置请参考 YE5852B 型电荷放大器的使用说明。

（3）打开电源，通过"TYPE-类型"键选择"REF"状态，调节"Amplitude Adjust-幅度"调节旋钮和"ADJ FREQ-频率"调节按键将振动调至所需的幅度和频率（例如，10m/s^2 和 160Hz），使 LCD 显示为 10m/s^2 和 160Hz。需要注意的是，该型号校准仪输出的幅度为有效值，而非峰值。

（4）用示波器观察电荷放大器输出电压的波形，应为不失真的正弦波；同时，用数字万用表的交流电压作为电荷放大器的输出电压。

根据电荷放大器输出电压的实测值和电荷放大器在输入加速度为 10m/s^2 时的标准输出电压值，即可计算出被测传感器的标定误差。

$$误差 = \frac{标准值 - 实测值}{标准值} \times 100\%$$

注意：标准值是由电荷放大器设置所决定的输出电压理想值。当输入加速度为 10m/s^2 时，电荷放大器的理想输出电压值应为 1.414V（峰值），则数字万用表上的理想电压值读数应为 1000.0mV（有效值）。亦即理想电压灵敏度应该为 $S_{V理} = 100\text{mV/m} \cdot \text{s}^{-2}$，根据关系式 $S_Q = S_V(C_a + C_c)$，可得传感器的理想电荷灵敏度为 $S_{Q理} = (100\text{mV/m} \cdot \text{s}^{-2}) \times$（传感器总电容值 pF），若传感器总的电容值为 80pF 时，$S_{Q理} = 8.00\text{pC/m} \cdot \text{s}^{-2}$。

（5）加速度传感器的实际电荷灵敏度标定值：调整电荷放大器的灵敏度适调旋钮至其输出电压幅值有效值为 1V。这时的灵敏度适调旋钮的指示值即是被校加速度计的电荷灵敏度 $S_Q(\text{pC/m} \cdot \text{s}^{-2})$。

（6）将所测得的数值填写入表 4-4 中。

表 4-4 加速度传感器（YD-185）灵敏度标定实验数据

名　称	数值	名　称	数值
激振频率/Hz		传感器电荷灵敏度标称值/$(\text{pC} \cdot \text{m}^{-1}\text{s}^2)$	
输入加速度幅值/$(\text{m} \cdot \text{s}^{-2})$		电荷放大器灵敏度设定值/$(\text{pC} \cdot \text{m}^{-1}\text{s}^2)$	
电荷放大器增益设置/(mV/unit)		数字电压表实际读数/mV	
电荷放大器输出电压标准值/mV		电荷灵敏度实际值/$(\text{pC} \cdot \text{m}^{-1}\text{s}^2)$	
电荷灵敏度标定误差/%			

3. 加速度传感器及测量系统动态特性标定

标定加速度传感器及测量系统的动态特性。

（1）完成加速度传感器灵敏度标定步骤（1）、（2）。

（2）将校准仪"振幅调节"电位器调至最小；电源开关置于"开"。

（3）通过"频率选择"按键将振动调至所需的频率，依次置于 40Hz、80Hz、160Hz、320Hz 和 640Hz，相应地在各个频率下，调节"振幅调节"电位器，使校准台振动加速度输出幅值保持为 $10\mathrm{m/s}^2$。

（4）用数字万用表的交流电压作为电荷放大器的输出电压。

（5）根据电荷放大器输出电压的实测值和相应的校准台振动频率之间的一一对应关系，即可得出加速度传感器及测量系统的幅频动态响应曲线。

（6）将所测得的数值填写入表 4-5 中。

表 4-5　传感器及测量系统动态标定实验数据

1	校准台输出振动加速度幅值/(m·s^{-2})	10.0				
2	校准台振动频率/Hz	40	80	160	320	640
3	数字电压表交流电压读数/mV					
4	测量频率范围内幅值最大误差/dB					

根据表中数据绘出幅频相应特性曲线图。（纵坐标采用对数坐标）

思考题

1. 分析影响加速度传感器和位移传感器灵敏度标定误差的主要因素。
2. 提出提高传感器灵敏度精度的主要措施。

4.4　电阻应变片式传感器特性

4.4.1　实验目的

（1）了解电阻应变式传感器的基本结构与使用方法。
（2）掌握电阻应变式传感器放大电路的调试方法。
（3）掌握单臂电桥电路的工作原理和性能。

4.4.2　实验设备

序　　号	名　　称	型　　号	数　　量
1	检测与转换技术实验台	SBY-Ⅲ	1
2	导线		若干

本次实验采用 SBY-Ⅲ 实验台（图 4-7），用到了其中的电阻应变式传感器、电阻与

霍尔式传感器转换电路板（调零电桥）、差动放大器、直流稳压电源、数字电压表、位移台架。

图 4-7　检测与转换技术实验台

4.4.3　实验原理

电阻丝在外力作用下发生机械变形时，其阻值发生变化，这就是电阻应变效应，即 $\Delta R/R = K\varepsilon$，$\Delta R/R$ 为电阻丝变化值，K 为应变灵敏系数，ε 为电阻丝长度的相对变化量 $\Delta L/L$。通过测量电路将电阻变化转换为电流或电压输出。

电阻应变式传感器如图 4-8 所示。传感器的主要部分是上、下两个悬臂梁，四个电阻应变片贴在梁的根部，可组成单臂、半桥与全桥电路，最大测量范围为 ±3mm。

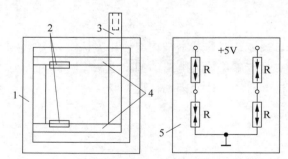

图 4-8　电阻应变片式传感器

1-外壳；2-电阻应变片；3-测杆；4-等截面悬臂梁；5-面板接线图

电阻应变式传感的单臂电桥电路如图 4-9 所示，图中 R_1、R_2、R_3 为固定，R 为电阻应变片，输出电压 $U_o = EK\varepsilon$，E 为电桥转换系数。

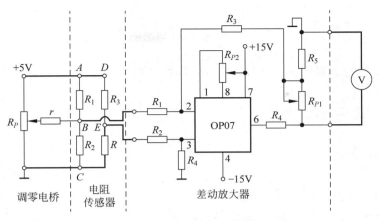

图 4-9　电阻式传感器单臂电桥实验电路图

4.4.4　实验步骤

（1）固定好位移台架，将电阻应变式传感器置于位移台架上，调节测微器使其指示 15mm 左右。将测微器装入位移台架上部的开口处，调节测微器测杆使其与电阻应变式传感器的测杆磁钢吸合，然后调节两个滚花螺母使电阻式应变传感器上的两个悬梁处于水平状态，两个滚花螺母固定在开口处上下两侧。

（2）将实验箱（实验台内部已连接）面板上的 ±15V 和地端用导线接到差动放大器上；将放大器放大倍数电位器 R_{P1} 旋钮（实验台为增益旋钮）顺时针旋到终端位置。

（3）用导线将差动放大器的正负输入端短接，再将其输出端接到数字电压表的输入端；电压量程切换开关拨至 20V 挡；接通电源开关，旋动放大器的调零电位器 R_{P2} 旋钮，使电压表指示向零趋近，然后切换到 2V 量程挡，旋动调零电位器 R_{P2} 旋钮使电压表指示为零；此后调零电位器 R_{P2} 旋钮不再调节，根据实验适当调节增益电位器 R_{P1}。

（4）按图 4-9 接线，R_1、R_2、R_3（电阻传感器部分固定电阻）与一个电阻应变片构成单臂电桥形式。

（5）调节平衡电位器 R_P，使数字电压表指示接近零，然后旋动测微器使电压表指示为零，此时测微器的读数视为系统零位。然后上旋和下旋测微器，每次 0.4mm，上下各 2mm，将位移量 x 和对应的输出电压值 U_o 记入表 4-6 中。

表 4-6　位移量与输出电压对应表

x/mm				0				
U_o/V				0				

（6）根据表 4-6 数据，画出电阻式传感器的输入/输出特性曲线 $U_o=f(x)$，并计算灵敏度和非线性误差。

思考题

分析电桥测量电阻式传感器特性时存在哪些非线性误差。

4.5 电感式传感器特性

4.5.1 实验目的

(1) 了解差动变压器电感式传感器的基本结构。
(2) 掌握差动变压器及整流电路的工作原理。
(3) 掌握差动变压器的调试方法。

4.5.2 实验设备

序 号	名 称	型 号	数 量
1	检测与转换技术实验台	SBY-Ⅲ	1
2	数字示波器	DS1072U	1
3	导线		若干

本次实验用到了 SBY-Ⅲ实验台中的电感式传感器、电感式传感器转换电路板、差动放大器板、直流稳压电源、数字电压表、位移台架。

4.5.3 实验原理

差动变压器由一个初级线圈和两个次级线圈及一个铁芯组成,当铁芯移动时,由于初级线圈和次级线圈之间的互感发生变化使次级线圈的感应电势发生变换,一个次级线圈的感应电势增加,另一个则减少,将两个次级线圈反向串联,就可以引出差值输出,其输出电势与铁芯的位移量呈正比。

差动变压器实验电路如图 4-10 所示。

传感器的两个次级线圈 N_2、N_3 电压分别经过 UR_1、UR_2 两组桥式整流电路变为直流电压,然后相减,经过差动放大器放大后由电压表显示出来。R_1、R_2 为两桥臂电阻,R_{P1} 为调零电位器,R_3、R_4、C_1 组成滤波电路,R_5 为负载电阻,采用这种差动整流电路可以减少零点残余电压。

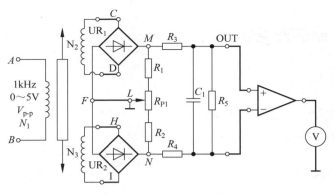

图 4-10 差动变压器实验电路图

4.5.4 实验步骤

1. 固定好位移台架,将电感式传感器置于位移台架上,调节测微器使其指示 15mm 左右。将测微器装入位移台架上部的开口处,将测微器测杆与电感式传感器的可动铁芯旋紧,然后调节两个滚花螺母使可动铁芯上的刻线与传感器相平。注意要使铁芯能在传感器中轻松滑动,再将两个滚花螺母旋紧。

2. 将差动放大器调零。

3. 按图 4-10 将信号源两输出端 A、B 接到传感器的初级线圈 N_1 上,传感器次级线圈 N_2、N_3 分别接到转换电路板的 C、D 与 H、I 上,并将 F 与 L 用导线连接,将差动放大器与数字电压表连接好。

4. 接通电源,调节信号源输出幅度电位器 R_{P1} 到较大位置,平衡电位器 R_{P2} 处于中间位置,调节测微器使输出电压接近零,然后上移或下移测微器 1mm,调节差动放大器增益使输出电压值为 300mV 左右,再回调测微器使输出电压为 0。此为系统零位,分别上旋和下旋测微器,每次 0.5mm,上下各 2.5mm,将位移量 x 和对应的输出电压 U_o 记入表 4-7 中。

表 4-7 位移量与输出电压对应表

x/mm					0					
U_o/V					0					

思考题

1. 根据表 4-7 数据,画出输入、输出特性曲线,并计算灵敏度和非线性误差。

2. 为什么采用差动整流电路可以减少零点残余电压?

4.6 光电传感器测量转速

4.6.1 实验目的

(1) 了解光电式传感器的基本结构。

(2) 掌握光电式传感器及其转换电路的工作原理。

4.6.2 实验设备

序　号	名　　称	型　号	数　量
1	检测与转换技术实验台	SBY-Ⅲ	1
2	数字示波器	DS1072U	1
3	导线		若干

本次实验用到了 SBY-Ⅲ 实验台中的光电式传感器、光电式传感器转换电路板、直流稳压电源、频率与转速表、数字电压表、位移台架。

4.6.3 实验原理

由光电传感器构成的光断续器原理如图 4-11 所示。一个开口的光耦合器,当开口处被遮住时,光敏三极管接收不到发光二极管的光信号,输出电压为 0,否则有电压输出。

图 4-12 为测速装置示意图,其中微型电动机带动转盘在两个成 90°的光断续器的开口中转动,转盘上一半为黑色,另一半透明,转动时,两个光断续器将输出不同相位的方波信号,这两个方波信号经过转换电路中的四个运放器,可输出相位差分别为 0°、90°、180°、270°的方波信号,它们的频率都是相同的,其中任意一个方波信号均可输出至频率表显示频率。其原理如图 4-13 所示。

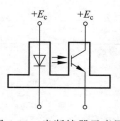

图 4-11　光断续器示意图

图 4-12　测速装置示意图

微型电动机的转速可调,电路图如图 4-14 所示,调节电位器 R_P 可输出 0~12V 的直流电压。

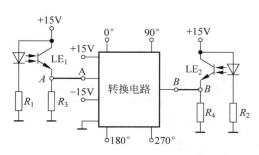

图 4-13 光电传感器实验原理图

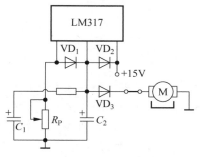

图 4-14 电机调速电路图

4.6.4 实验步骤

（1）固定好位移台架,将光电式传感器置于位移台架上,将传感器上的 A、B 点与转换电路板上的 A、B 点相连;转换电路板上的 0～12V 输出接到传感器上;转换电路的 A、B 与 0°、90°、180°、270°输出均可接至频率与转速表、示波器。

（2）接通电源,调节电位器 R_P 使输出电压从最小逐渐增加到最大,观察数字电压表上显示的电压以及频率表上显示的频率的变化情况,同时观察示波器上波形的变化。

思考题

怎样根据显示的频率换算出电动机的转速?

4.7 光纤传感器测量位移

4.7.1 实验目的

（1）了解光纤位移传感器的基本结构。
（2）掌握光纤传感器及其转换电路的工作原理。

4.7.2 实验设备

序　　号	名　　　　称	型　　　号	数　　量
1	检测与转换技术实验台	SBY-Ⅲ	1
2	数字示波器	DS1072U	1
3	导线		若干

本次实验用到了 SBY-Ⅲ 实验台中的光纤传感器、光纤传感器转换电路板、反射面、

位移台架、直流稳压电源、数字电压表。

4.7.3　实验原理

　　本实验采用的是导光型多模光纤,它由两束光纤混合成 Y 型光纤,探头为半圆分布,一束光纤端部与光源相接发射光束,另一束端部与光电转换器相接接收光束,两光束混合后的端部是工作端即探头。由光源发出的光通过光纤传到端部射出后再被测体反射回来,由另一束光纤接收光信号经光电转换器转换成电压量,该电压的大小取决于反射面与探头的距离。光纤传感器转换电路如图 4-15 所示。

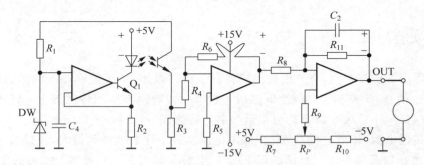

图 4-15　光纤传感器转换电路图

4.7.4　实验步骤

　　(1) 固定好位移台架,将测微器测杆与反射面连接在一起。

　　(2) 按照图 4-16 安装光纤位移传感器,将传感器的插头与转换电路板上的插座相连,并将转换电路板的输出连接至数字电压表上。

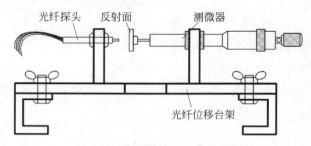

图 4-16　光纤传感器安装示意图

　　(3) 调节测微器,使探头与反射面平板接触。接通电源,调节转换电路板上的 R_P 使数字电压表指示为零,并记录此时的测微器读数。

　　(4) 旋转测微器,反射面离开探头,每隔 0.1mm 读取一次输出电压值,将电压与位移记入表 4-8 中,共记 10 组数据。

表 4-8　位移与输出电压对应表

x/mm									
U_o/V									

思考题

1. 根据表 4-8 中的实验数据,画出光纤位移传感器的位移特性,并求出拟合曲线的方程。

2. 本实验中光纤位移实验系统的灵敏度与哪些因素有关?

4.8　计算机数据采集系统

4.8.1　实验目的

(1) 学习计算机数据采集系统的工作原理,掌握其基本组成。

(2) 掌握 NI PCI-6233 数据采集卡性能指标。

(3) 掌握利用 NI MAX 软件控制 NI PCI-6233 数据采集卡方法。

4.8.2　实验设备

序　号	名　　称	型　号	数　量
1	西门子工控计算机	IPC3000 SMART	1
2	数据采集卡	NI PCI-6233	1
3	数据采集卡附件	NI CB-37F-HVD	1
4	信号发生器	DG1022U	1
5	数字示波器	DS1072U	1

4.8.3　实验原理

数据采集系统(Data Acquire System,DAQ 系统)是计算机测试设备的核心,包括数据采集卡和配套软件系统两部分,一般均由 DAQ 厂商提供。用户通过计算机上的 DAQ 软件控制 DAQ 硬件,使 DAQ 硬件设备按照用户要求对传感器、变送器输出信号完成 A/D 变换,并读入 A/D 转换所得的数据存储在计算机的存储设备中,以便进一步分析处理。典型的 DAQ 系统如图 4-17 所示。当然,如果用户不采用厂家提供的 DAQ 软件,也可以按照自己的要求开发相应的 DAQ 软件,通过厂家提供的 DAQ 动态链接库、函数库来控制 DAQ 硬件设备。

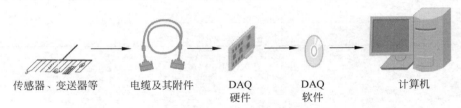

传感器、变送器等　　　电缆及其附件　　DAQ　　　DAQ　　　计算机
　　　　　　　　　　　　　　　　　　硬件　　　软件

图 4-17　计算机数据采集系统组成

NI PCI-6233 数据采集卡是美国国家仪器(NI)公司推出的基于 PCI 总线的数据采集卡,是一种性价比较高的 DAQ 设备,适合构建计算机测试系统。该数据采集卡具有 8 路差分或 16 路单端电压输入通道,16 位 A/D 转换分辨率,最大采样率 250kS/s,信号输入范围 $\pm 10V$、$\pm 5V$、$\pm 1V$、$\pm 0.2V$ 可选择,自带 8KB 的 FIFO,数据采用 DMA 和中断传输方式。

对于 NI PCI-6233 数据采集卡,可以通过 NI 公司提供的 NI MAX(Measurement & Automation Explore)软件来测试和控制,也可以利用 NI 公司的软件 LabVIEW 和 LabWindows/CVI 来编程控制,采用其他常用的开发软件也可以,如 Visual C++、Visual Basic 等。

NI MAX 可用于完成以下任务:

- 配置 NI 硬件和软件;
- 备份或复制配置数据;
- 创建和编辑通道、任务、接口、换算和虚拟仪器;
- 进行系统诊断;
- 查看与系统连接的设备和仪器;
- 更新 NI 软件。

本节实验主要利用 NI MAX 软件来测试和控制 NI PCI-6233 数据采集卡。

4.8.4　实验步骤

1. 利用 NI MAX 软件配置 NI PCI-6233 采集卡

启动桌面上的 NI MAX 软件,进入 NI MAX 控制界面。从图 4-18 可知。NI PCI-6233 在系统中的名称为"Dev1",附件为 CB-37F-HVD。

单击图 4-18 的"测试面板",出现如图 4-19 所示的模拟输入界面。该界面下左边为参数设置区,主要设置采集通道、采集模式、输入配置、输入电压范围、采样率、采样点数。右边为采集数据显示区,显示所采集数据的波形。

将采集通道设置为"Dev/ai0",即采集模拟输入通道 0,采集模式设置为"有限",采集输入配置为"RSE",即单端输入模式,最大输入限制设定为 $+10V$,最小输入限制设定为 $-10V$,采样率设定为 10kHz,待读取采样数据设定为 1000 个。为了检验该通道 A/D 转

图 4-18　NI PCI-6233 控制界面

图 4-19　测试面板界面

换性能,对输入通道不接入信号,即所谓的"空采"。设定完毕后,单击"开始"按钮,得到如图 4-20 所示的波形。

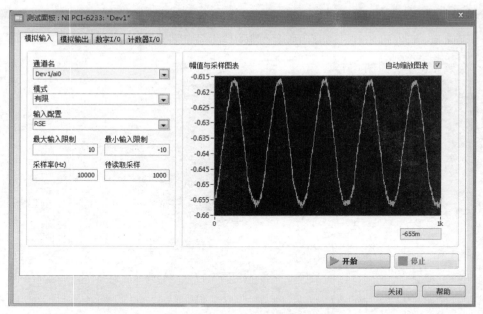

图 4-20 "空采"模拟输入通道 ai0 波形

下面分析图 4-20 所示采集波形是否正确。根据采样率和采样点的设置可知,采集时间为 0.1s,而采集的波形为类正弦波,其峰-峰值为 0.4V,共 5 个周期,可以判断此类正弦波为工频 50Hz 干扰信号。因此,可以初步判断该模拟输入通道 ai0 正常。当然,也可以通过此方法初步判断其他模拟输入通道是否正常。

2. 采集信号发生器输出信号

启动 DG1022U 信号发生器,设置通道 1 为输出通道,信号类型为正弦波,频率为 100Hz,峰-峰值为 5V,偏移量为 0V。将信号发生器输出正弦信号接入模拟输入通道 1,单击"开始"按钮,得到图 4-21 所示波形。根据波形可知,所采集数据正确。至此,可以改变输出信号设置、采样频率、采用通道,检查所采集波形是否正确。

3. 通过创建测试任务实现多通道采集

单击图 4-18 所示界面中的"创建测试任务",打开如图 4-22 所示界面,选中 ai1、ai2 两个模拟输入通道,然后单击"下一步"按钮,默认系统的设置,就会得到图 4-23 所示界面。在此界面中可以设置采样模式、采样率、待读取采集数、电压输入。

利用 DG1022U 信号发生器输出二路信号,其中通道 1 输出信号依然为频率为 100Hz,峰-峰值为 5V,偏移量为 0V 的正弦波;通道 2 输出信号设定为频率为 100Hz,峰-峰值为 3V,偏移量为 0V 的三角波。单击"运行"按钮,得到如图 4-24 所示的采集界面,其中采集所得的正弦波、三角波与信号发生器的设置一致。

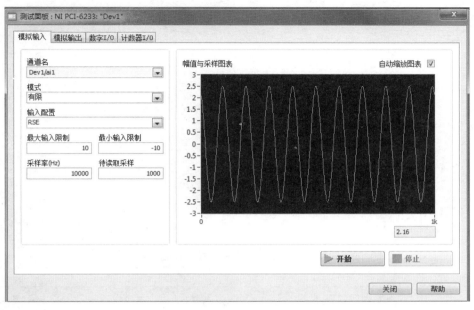

图 4-21　采集 100 Hz 正弦信号的波形

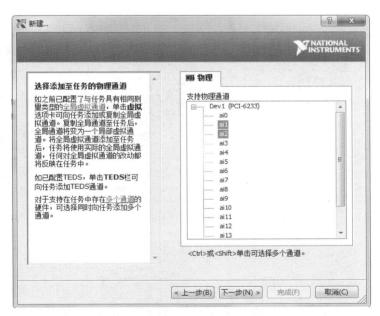

图 4-22　测试任务中物理通道设置界面

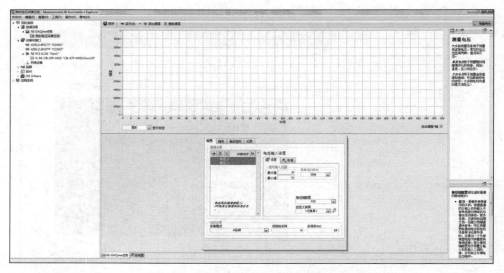

图 4-23　测试任务中采集模式设置界面

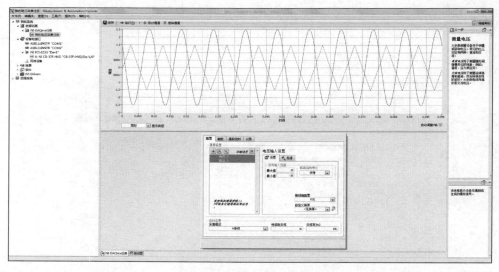

图 4-24　二路同步采集波形

思考题

1. 利用 NI MAX 软件创建电压采集任务，将 ai0、ai1、ai2、ai3 作为模拟信号输入通道，使用信号发生器对各模拟通道输入信号，采集并显示所得的信号波形。

2. 利用 NI MAX 软件创建电压输出任务，并设置输出正弦波信号，利用示波器采集并显示其波形。

4.9 CAN 通信节点组成及调试

4.9.1 实验目的

（1）熟悉 USB CAN 卡性能及相关 CANTest 调试软件操作使用方法。

（2）掌握 CAN 总线节点组成方法。

（3）掌握 CAN 总线节点自收发调试方法。

（4）掌握标准帧、扩展帧发送和接收设置方法。

（5）利用示波器观察 CAN 通信时总线上的波形。

4.9.2 实验设备

序　　号	名　　称	型　　号	数　　量
1	CAN 卡	USBCAN-Ⅱ	2
2	工控机	IPC3000 SMART	2
3	数字示波器	DS1072U	1

4.9.3 实验原理

1. CAN 总线通信实验系统

该实验系统主要由 2 台工控机和 2 个 USB CAN 卡组成，每台工控机和 USB CAN 卡组成 1 个 CAN 总线节点，该实验系统也是一个最简单的 2 节点的 CAN 总线通信系统，结构如图 4-25 所示。

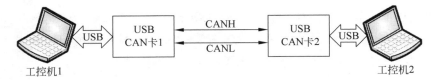

图 4-25　CAN 总线通信实验系统框图

所采用的 CAN 卡为广州致远电子有限公司生产的 USBCAN-Ⅱ＋接口卡（图 4-26），具有如下特点：

➤ PC 接口符合 USB2.0 全速规范；

➤ 支持 CAN2.0A 和 CAN2.0B 协议，符合 ISO/DIS 11898 规范；

➤ 集成 2 路 CAN-Bus 接口，其两路 CAN 信号定义如表 4-9 所示。

➤ CAN-Bus 通信波特率在 5kb/s～1Mb/s 任意可编程；

> 可以使用 USB 总线电源供电,或使用外接电源(DC＋9～＋25V,200mA);
> CAN-Bus 接口采用电气隔离,隔离模块绝缘电压:DC 2500V;
> 最高接收数据流量:14000fps;
> 支持 Windows 2000、Windows XP、Windows 7、Windows 8 操作系统及 Linux 操作系统;
> 体积小巧,即插即用;
> 工作温度:－40～85℃。

图 4-26　USBCAN-Ⅱ＋接口卡

表 4-9　USBCAN-Ⅱ＋接口卡的 CAN-Bus 信号分配

引　　脚	端　　口	名　　称	功　　能
1		CAN_L	CAN_L 信号线
2		R－	终端电阻(内部连接到 CAN_L)
3	CAN0	SHIELD	屏蔽线(FG)
4		R＋	终端电阻(内部连接到 CAN_H)
5		CAN_H	CAN_H 信号线
6		CAN_L	CAN_L 信号线
7		R－	终端电阻(内部连接到 CAN_L)
8	CAN1	SHIELD	屏蔽线(FG)
9		R＋	终端电阻(内部连接到 CAN_H)
10		CAN_H	CAN_H 信号线

USBCAN-Ⅱ＋接口卡具有 1 个双色 SYS 指示灯、1 个双色 CAN0 指示灯、1 个双色 CAN1 指示灯来指示设备的运行状态。这 3 个指示灯的具体指示功能见表 4-10。这 3 个指示灯处于各种状态下时,CAN 总线的状态如表 4-10 所示。

表 4-10　USBCAN-Ⅱ＋接口卡的指示灯

指示灯	状　　态	指示状态
SYS	红色	设备初始化状态指示
	绿色	USB 接口信号指示
CAN0	绿色	CAN 接口运行正确
	红色	CAN 接口出现错误
CAN1	绿色	CAN 接口运行正确
	红色	CAN 接口出现错误

指示灯的状态具体含义如下：

- ➤ USBCAN-Ⅱ＋接口卡上电后，系统初始化状态指示灯 SYS(红)点亮，表明设备已经供电，系统正在初始化；否则，表示存在系统电源故障或系统发生严重的错误。
- ➤ USB 接口连接正常后，USB 信号指示灯 SYS(绿)点亮，系统初始化状态指示灯 SYS(红)熄灭。当 USB 接口有数据在传输时，USB 信号指示灯 SYS(绿)会闪烁。
- ➤ CAN0、CAN1 绿色指示灯点亮表示 CAN 控制器已完成初始化，进入正常工作状态。
- ➤ 当 CAN 控制器出现错误时，CAN0、CAN1 红色指示灯将点亮；当清除 CAN 控制器的错误后，红色指示灯熄灭。

2. CANTest 软件

CAN-Bus 通用测试软件 CANTest 是一个专门用来对广州致远电子有限公司生产的 CAN 系列板卡进行测试的软件工具，此软件操作简单，容易上手，运用此软件可以非常方便地对板卡进行测试，从而熟悉板卡的性能，其主界面如图 4-27 所示。

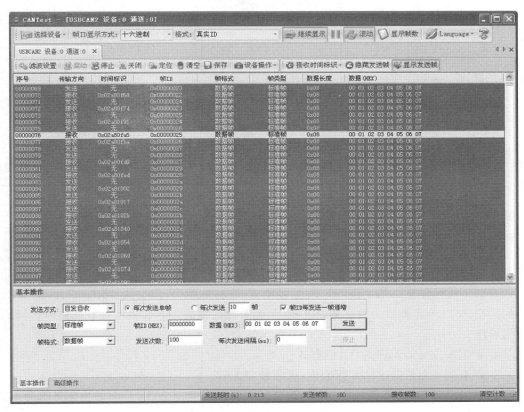

图 4-27　CANTest 主界面

通过该软件,可以进行设备操作,包括设备类型选择、滤波设置、启动 CAN、获取设备信息、发送数据、接收时间标识等操作,详见该软件的使用说明书。

3. CAN 总线节点自发自收

CAN 总线节点采用的控制器具有自发自收功能。在这种工作模式下,不依赖于其他总线节点,可以实现本节点自己发送一帧数据并自己接收数据的操作。利用这种工作模式,CAN 节点可以很容易地实现对本节点的自诊断功能,在 CAN 网络中快速定位故障节点。在 CANTest 软件中,可以在"发送方式"下拉框中设定"自发自收"工作模式。

4. CAN2.0B 协议帧格式

在 CAN 总线通信中,目前广泛采用 CAN2.0B 协议,其帧格式分为标准帧和扩展帧。CAN2.0B 标准帧信息为 11 字节,包括信息和数据两部分,前 3 字节为信息部分,后 8 字节为数据部分,如表 4-11 所示。

表 4-11　标准帧格式

字节	7	6	5	4	3	2	1	0
字节 1	FF	RTR	×	×	DLC(数据长度)			
字节 2	ID.10～ID.3(报文识别码)							
字节 3	ID.2～ID.0		×	×	×	×	×
字节 4	数据 1							
字节 5	数据 2							
字节 6	数据 3							
字节 7	数据 4							
字节 8	数据 5							
字节 9	数据 6							
字节 10	数据 7							
字节 11	数据 8							

字节 1 为帧信息。第 7 位(FF)表示帧格式,在标准帧中,FF＝0;第 6 位(RTR)表示帧的类型,RTR＝0 表示为数据帧,RTR＝1 表示为远程帧;DLC 表示在数据帧时实际的数据长度。

字节 2、3 为报文识别码,11 位有效。

字节 4～11 为数据帧的实际数据,远程帧时无效。

CAN2.0B 扩展帧信息为 13 字节,包括信息和数据两部分,前 5 字节为信息部分,后 8 字节为数据部分,如表 4-12 所示。

表 4-12 扩展帧格式

字节	7	6	5	4	3	2	1	0
字节 1	FF	RTR	×	×	DLC(数据长度)			
字节 2	ID. 28～ID. 21(报文识别码)							
字节 3	ID. 20～ID. 13							
字节 4	ID. 12～ID. 5							
字节 5	ID. 4～ID. 0				×	×	×	
字节 6	数据 1							
字节 7	数据 2							
字节 8	数据 3							
字节 9	数据 4							
字节 10	数据 5							
字节 11	数据 6							
字节 12	数据 7							
字节 13	数据 8							

字节 1 为帧信息。第 7 位(FF)表示帧格式,在扩展帧中,FF=1;第 6 位(RTR)表示帧的类型,RTR=0 表示为数据帧,RTR=1 表示为远程帧;DLC 表示在数据帧时实际的数据长度。

字节 2～5 为报文识别码,其高 29 位有效。

字节 6～13 为数据帧的实际数据,远程帧时无效。

在 CANTest 软件中,可以在"帧格式"下拉框中选择"标准帧"或者"扩展帧"。

4.9.4 实验步骤

1. CAN 总线通信系统构建

按照实验原理图连接各个实验器材。按照图 4-25 连接成功后,启动工控机,注意观察启动过程中 USB CAN 卡指示灯的变化情况。

2. CAN 卡通信参数的设置

系统加电后,启动 CANTest 软件,设置 CAN 卡通信参数。按照总线速率 100kb/s,标准帧的方式设置 USB CAN 卡,不设置滤波模式。将 CAN 卡 1 的帧 ID 设置为"00000001",CAN 卡 2 的帧 ID 设置为"00000003"。设置界面如图 4-28、图 4-29 所示。除了帧 ID,也可以设置发送方式、帧类型、帧格式、发送次数等。

3. CAN 总线节点自收发检测

利用 CANTest 软件,在发送模式中选择"自发自收",对 USB CAN 卡进行报文自收发测试,报文显示结果如图 4-30 所示。

图 4-28　CAN 卡工作模式、波特率设置界面

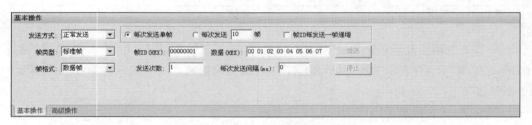

图 4-29　CAN 卡基本操作模式设置界面

图 4-30　CAN 总线节点报文自收自发测试

操作完毕后,可以将帧格式换为"扩展帧"重新进行操作。

4. CAN 总线节点之间报文收发

1)标准帧格式报文收发

将两个 CAN 总线节点的通信速率设置为"100kb/s",工作模式设置为"正常",无滤波,利用通道"0"接收,将帧类型设定为"标准帧",帧格式设定为"数据帧",帧 ID 分别设置为"00000001"和"00000003",数据采用默认输入。单击 CANTest 界面上的"发送"按钮,注意观察所发出和收到的数据帧。

2)扩展帧格式报文收发

将帧类型改为"扩展帧",其余设置同上,重复以上过程。

5. 将所接收报文存储为文件

单击"实时保存",出现如图 4-31 所示对话框,可以设定实时接收报文保存的文件名,可以将该节点接收到的报文实时保存为"＊.csv、＊.txt、＊.asc"文件,便于开展进一步的分析。

图 4-31　接收报文存储对话框

下面就是利用 CANTest 截取数据帧,并存储成 txt 文本文件。

序号	传输方向	时间标识	ID	帧格式	帧类型	数据长度	数据(HEX)
0	发送	15:40:18.093	1	数据帧	标准帧	8	00 01 02 03 04 05 06 07
1	接收	15:40:18.109	1	数据帧	标准帧	8	00 01 02 03 04 05 06 07
2	发送	15:40:18.281	1	数据帧	标准帧	8	00 01 02 03 04 05 06 07
3	接收	15:40:18.312	1	数据帧	标准帧	8	00 01 02 03 04 05 06 07
4	发送	15:40:18.468	1	数据帧	标准帧	8	00 01 02 03 04 05 06 07
5	接收	15:40:18.484	1	数据帧	标准帧	8	00 01 02 03 04 05 06 07

……

6. 利用示波器采集 CAN 总线波形

将数字示波器的探头分别连接 CAN_L 和 CAN_H,利用 CANTest 连续发送数据帧,调整示波器扫描频率,采集 CAN 总线的波形。

思考题

1. 远程帧在 CAN 总线通信中有什么应用?
2. 在 CANTest 软件中如何设置远程帧?
3. 时间标识在 CAN 通信报文中有什么作用?

4.10 CAN 报文滤波方法

4.10.1 实验目的

(1) 掌握 CAN 通信中报文滤波参数的设置方法。
(2) 掌握 CAN 总线通信中报文滤波方法。

4.10.2 实验设备

序　号	名　　称	型　　号	数　量
1	CAN 卡	USBCAN-Ⅱ	2
2	工控机	IPC3000 SMART	2
3	数字示波器	DS1072U	1

4.10.3 实验原理

1. CAN 报文滤波器设置

在 CAN 总线传输报文中并不包含发送、接收节点信息，而是通过标识符(ID)识别。ID 在网络中是唯一的，不能重复。报文可被所有节点同时接收(广播)，可以进行报文过滤(图 4-32)。也就是说，在 CAN 通信中，一帧报文能被哪个节点接收，完全取决于该节点滤波参数的设置。正是基于以上原理，CAN 网络通信可以实现点对点、一点对多点和全局广播，这使得在 CAN 通信网络中可以非常灵活地实现多种通信方式。

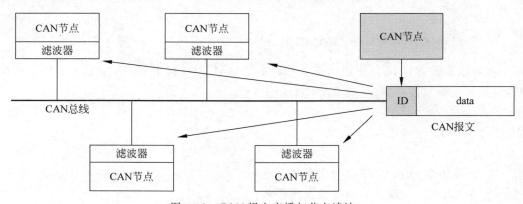

图 4-32　CAN 报文广播与节点滤波

本次实验利用广州致远的 USB CAN 卡来学习 CAN 节点滤波参数的设置方法，其

CAN 报文滤波器是基于 PHILIPS 公司 CAN 控制器 SJA1000 的 PeliCAN 模式进行设计的。SJA1000 的滤波器由 4 组（4 字节）验收代码寄存器（ACR）和 4 组（4 字节）验收屏蔽寄存器（AMR）构成。ACR 的值是预设的验收代码值，AMR 值用来表征相对应的 ACR 值是否用作验收滤波。但是在 SJA1000 的某些模式下，滤波器的某些寄存器没有用到，为了使用方便，所以在配置软件中只涉及滤波器的实际值而摒弃无关的数据。滤波的一般规则是：每一位验收屏蔽分别对应每一位验收代码，当该位验收屏蔽位为 1 时（即设为无关），接收的相应帧 ID 位无论是否和相应的验收代码位相同均会表示为接收；但是当验收屏蔽位为 0 时（即设为相关），只有相应的帧 ID 和相应的验收代码位值相同的情况才会表示为接收。并且只有在所有的位都表示为接收时，CAN 控制器才会接收该帧报文。

报文滤波模式分为"单滤波"和"双滤波"两种，并且在标准帧和扩展帧情况下滤波又略有不同。

2. 单滤波模式配置

在这种滤波模式配置中，需要定义一个 4 字节的长滤波器。过滤器字节和报文字节之间的比特对应依赖于当前接收的帧格式。

1）标准帧

如果一个标准帧报文被接收，包括 RTR 位在内的全部 ID 以及报文中的头 2 字节将被用于接收滤波（图 4-33）。如果设置了 RTR 位后导致没有数据字节，或者由于相应的数据长度 DLC 规定没有数据字节或者仅有 1 字节，此时报文也可以被接收。成功接收一个报文的关键是报文中所有位都必须比较后且被接受。

由图 4-33 可知，在 AMR 的位为 0 时（意为相关），当 ACR 的相对应位（如 ACR1.0 对应 AMR1.0，同时也和 ID.00 相对应）和接收帧标识的对应位值相同时，表现为"可接收"（逻辑 1）；当两者不等时表现为"不接收"（逻辑 0）。或者当 AMR 的位为 1 时，无论 ACR 的相对应位和接收帧标识的对应位值是否相同，均表现为"可接收"（逻辑 1）。

注意，AMR1 和 ACR1 的低 4 位没有用到。为了与将来的产品兼容，这些"不用关注的位"，即 AMR1.3、AMR1.2、AMR1.1 和 AMR1.0 应该被置为逻辑"1"。

2）扩展帧

与标准帧滤波相类似，如果一个扩展帧格式的报文被接收，所有的 ID 位包括 RTR 位都参与滤波且被接收。详见图 4-34。

注意，AMR3 和 ACR3 的低 2 位没有被用到。为了与将来的产品兼容，这些"不用关注的位"，即 AMR3.1、AMR3.0 应该被置为逻辑"1"。

3）报文滤波逻辑解析

目前在各种参考书中，对于报文滤波的过程解释各不相同，甚至有误。为了更加清晰地展示报文滤波这一过程，本书采用图 4-35 所示的报文位滤波逻辑来解释滤波规则。

图 4-35 中，逻辑门 1 是一个异或非逻辑门，相等则输出为 1，不等则输出为 0；逻辑门 2 是一个或门，逻辑门 3 则是一个与门。

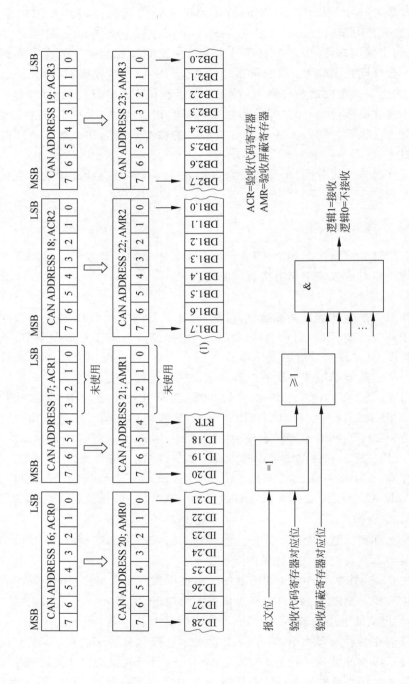

图 4-33 标准帧的单滤波设置方法

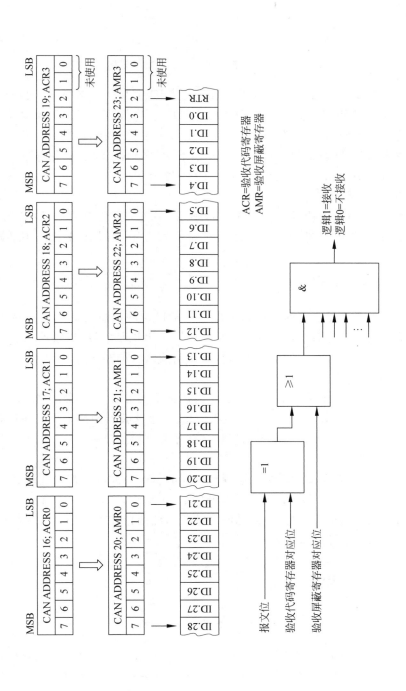

图 4-34 扩展帧的单滤波设置方法

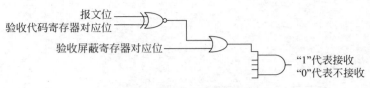

图 4-35 报文位滤波逻辑

图 4-35 所示的滤波过程如下：如果报文 ID 中某一位与 ACR 对应位相等，且 AMR 设置为 0，则逻辑门 1 输出为 1，逻辑门 2 输出为 1，即逻辑门 3 对应输入为 1；如果逻辑门 3 所有输入均为 1，则整个逻辑电路输出为 1，报文被接收。相反，若某一 ID 位与 ACR 对应位不相等，即逻辑门 3 对应输入为 0，不管其他输入端是否为 1，整个逻辑电路将输出为 0，报文将被丢弃。换句话说，当 AMR 设置为 0 时，报文是否被接收取决于其 ID 位是否与 ACR 对应位相等。

如果与 ID 位对应的 AMR 位为 1，则无论此该 ID 位是否与 ACR 对应位相等，其逻辑门 2 输出均为 1，逻辑门 3（与门）对应输入为 1，也就意味着该 ID 位不影响报文的接收。

3．双滤波模式配置

这种配置可以定义两个短滤波器。一条接收的信息要和两个滤波器比较才能决定是否放入接收缓冲器中。至少有一个滤波器发出接收信号，接收的信息才有效。滤波器字节和信息字节之间位的对应关系取决于当前接收的帧格式。

1）标准帧

对于标准帧，则相当于有两个单滤波情况下的滤波器对接收帧标识进行滤波。接收逻辑如图 4-36 所示。为了能成功接收信息，一组滤波器的单个位的比较时均要表示为接收。两组滤波器至少有一组表示接收该帧才会被接收。

2）扩展帧

对于扩展帧，定义的两个滤波器是相同的。两个滤波器都只比较扩展识别码的前两个字节——ID.28～ID.13，而不是全部的 29 位标识。如图 4-37 所示。

为了能成功接收信息，一组滤波器的单个位的比较时均要表示为接收。两组滤波器至少有一组表示接收该帧才会被接收。

4.10.4 实验步骤

1．基于标准帧的单滤波参数设置

实验的目的是在波特率 1000kb/s 条件下，让第一个 CAN 卡只接收 ID 为 0X001 的报文，而且只考虑 ID，不考虑数据字节。实验设备的连接方法与 4.9 节相同。

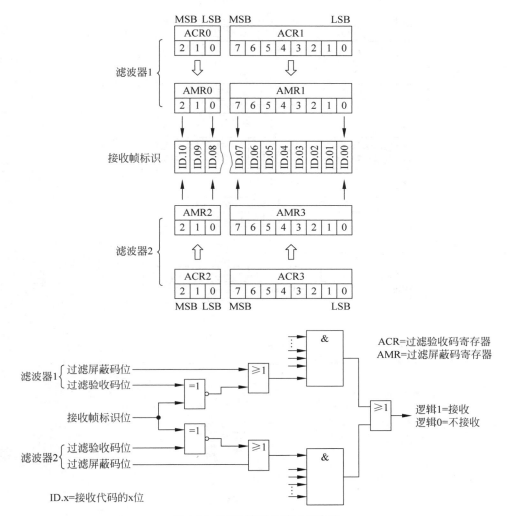

图 4-36 标准帧双滤波设置方法

具体步骤如下：

（1）设置第一个 CAN 卡的验收码与屏蔽码。

启动 CANTest，单击"滤波设置"，出现如图 4-38 所示的对话框。将指定 ID 001 输入 ID 输入框中，单击"提交"按钮，系统自动将验收码设置为 0X00200000，屏蔽码设置为 0X001FFFFF。

需要注意的是，由于 4 个验收、屏蔽寄存器一共有 32 位，标准帧 ID 仅有 11 位，故而屏蔽寄存器中有部分位没有使用到，均设为 1。

（2）设置第二个 CAN 卡的参数。

将第二个 CAN 卡设定为接收所有数据，即对所有 ID 报文不滤波，其验收码设置为 0X00000000，屏蔽码设置为 0XFFFFFFFF（图 4-39）。其余设置与第一个 CAN 卡类似。将第二个 CAN 卡的发送格式设置为正常发送，每次发送 10 帧，帧 ID 每发送一帧递增。

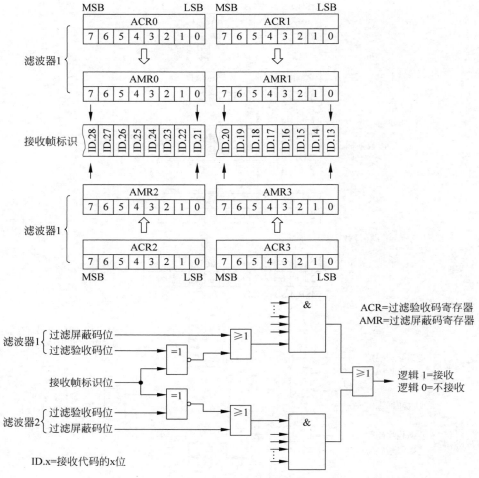

图 4-37　扩展帧双滤波示意图

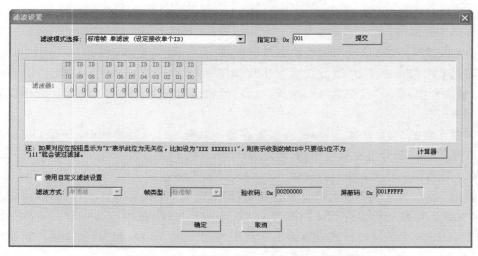

图 4-38　第一个 CAN 卡指定 ID 标准帧单滤波设置

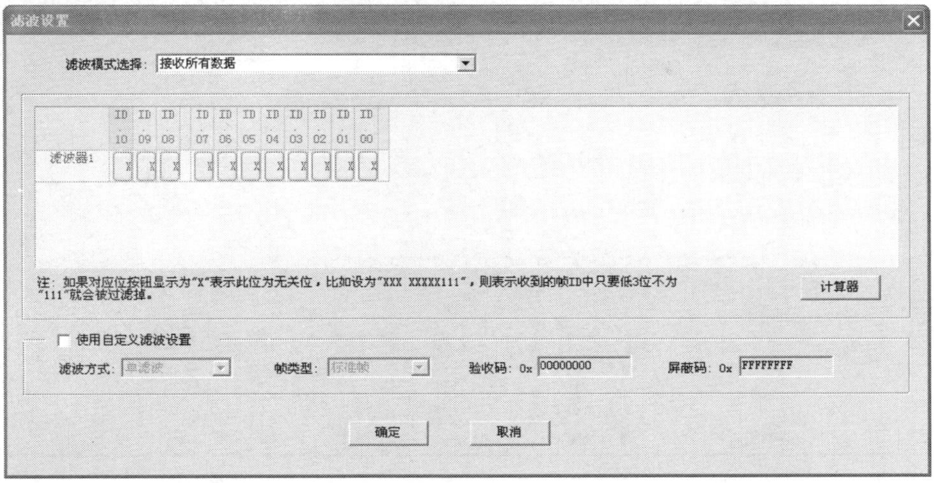

图 4-39　第二个 CAN 卡标准帧单滤波设置

单击第二个 CAN 卡的发送按钮，则出现如图 4-40(a)所示的界面，而第一个 CAN 卡的接收界面则如图 4-40(b)所示。虽然第二个 CAN 卡发出了 10 帧报文，但只有 ID 为 0x00000001 的报文被第一个 CAN 卡接收，其他 9 帧报文被成功地“滤波”。

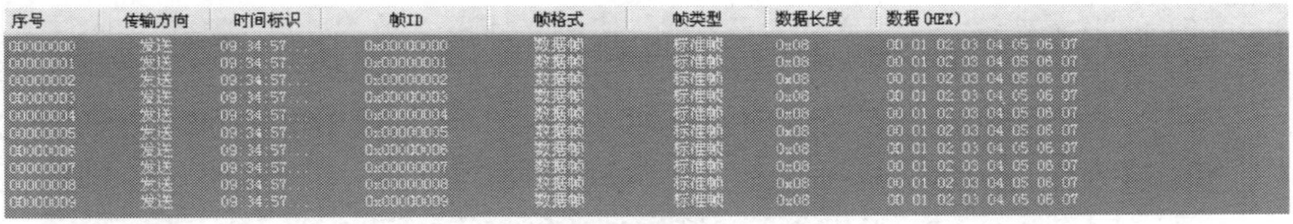

序号	传输方向	时间标识	帧ID	帧格式	帧类型	数据长度	数据(HEX)
00000000	发送	09:34:57...	0x00000000	数据帧	标准帧	0x08	00 01 02 03 04 05 06 07
00000001	发送	09:34:57...	0x00000001	数据帧	标准帧	0x08	00 01 02 03 04 05 06 07
00000002	发送	09:34:57...	0x00000002	数据帧	标准帧	0x08	00 01 02 03 04 05 06 07
00000003	发送	09:34:57...	0x00000003	数据帧	标准帧	0x08	00 01 02 03 04 05 06 07
00000004	发送	09:34:57...	0x00000004	数据帧	标准帧	0x08	00 01 02 03 04 05 06 07
00000005	发送	09:34:57...	0x00000005	数据帧	标准帧	0x08	00 01 02 03 04 05 06 07
00000006	发送	09:34:57...	0x00000006	数据帧	标准帧	0x08	00 01 02 03 04 05 06 07
00000007	发送	09:34:57...	0x00000007	数据帧	标准帧	0x08	00 01 02 03 04 05 06 07
00000008	发送	09:34:57...	0x00000008	数据帧	标准帧	0x08	00 01 02 03 04 05 06 07
00000009	发送	09:34:57...	0x00000009	数据帧	标准帧	0x08	00 01 02 03 04 05 06 07

(a) 报文发送界面

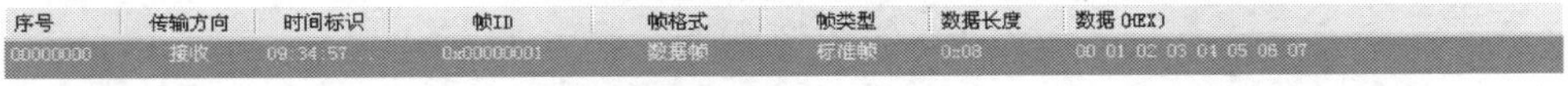

序号	传输方向	时间标识	帧ID	帧格式	帧类型	数据长度	数据(HEX)
00000000	接收	09:34:57...	0x00000001	数据帧	标准帧	0x08	00 01 02 03 04 05 06 07

(b) 报文接收界面

图 4-40　两个 CAN 卡标准帧报文发送、接收界面

2. 基于扩展帧的单滤波参数设置

此节实验的目的是让 CAN 卡只接收 ID 为 0x00000001 的报文，具体步骤如下：

(1) 设置第一个 CAN 卡的验收码与屏蔽码。

启动 CANTest 程序图标，单击“滤波设置”，出现如图 4-41 所示的对话框。将指定 ID 00000001 输入指定 ID 输入框中，单击“提交”按钮，系统自动将验收码设置为 0x00000008，屏蔽码设置为 0x00000007。

需要注意的是，由于 4 个验收、屏蔽寄存器一共有 32 位，而扩展帧 ID 为 29 位，实际上验收、屏蔽寄存器有 3 位没有用到，故将验收码设置为 0x00000008，而不是 0x00000001。因为只接收 ID 为 0x00000001 的报文，即 ID 每一位都有限制，所以将屏蔽码设置为 0x00000007。

图 4-41　第一个 CAN 卡指定 ID 扩展帧单滤波设置

（2）设置第二个 CAN 卡的参数。

第二个 CAN 卡除了将帧格式改为扩展帧，其余同上一节的实验设置。

单击第二个 CAN 卡的发送按钮，则出现如图 4-42(a)所示的界面，而第一个 CAN 卡的接收界面则如图 4-42(b)所示。虽然第一个 CAN 发出了 10 帧报文，但是只有 ID 为 0x00000001 的报文被第一个 CAN 卡所接收，其他 9 帧报文被成功地"滤波"。

(a) 报文发送界面

(b) 报文接收界面

图 4-42　两个 CAN 卡扩展帧报文发送、接收界面

3. 双滤波参数设置

按照单滤波设置实验的要求，改为双滤波参数设置，并重复上述实验。

思考题

1. 如何利用滤波参数设置在 CAN 通信网中实现一点对多点通信？
2. 如何利用滤波参数设置在 CAN 通信网中实现点对点通信？
3. 双滤波模式在 CAN 网络通信中有什么作用？是否可以用于组播通信？

第

5

章

虚拟仪器开发与车辆底盘系统测试案例

5.1 虚拟仪器及开发软件

5.1.1 虚拟仪器的基本概念

虚拟仪器(Virtual Instrument,VI)是智能仪器之后的新一代测量仪器,是在电子仪器与计算机技术更深层次结合的基础上产生的一种新的仪器模式。所谓虚拟仪器实际上是一种基于计算机的自动化测试仪器系统,是现代计算机技术和仪器技术结合的产物,是当今计算机辅助测试(CAT)领域的一项重要技术。虚拟仪器通过相应的软件与仪器模块相连接,将计算机硬件资源与仪器硬件有机地融合为一体,从而把计算机强大的计算处理能力和仪器硬件的测量、控制能力结合在一起,降低了仪器硬件的成本,缩小了仪器体积,并通过较为友好的图形界面和强大的数据处理能力完成对测量数据的显示和分析。

虚拟仪器主要由硬件系统和软件系统两部分构成。硬件系统一般分为计算机硬件平台和测控功能硬件,计算机硬件平台可以是各种类型的计算机,如普通台式机、便携式计算机、嵌入式计算机、工作站等,它为虚拟仪器的软件提供运行平台。硬件部分一般包括各种形式的数据采集设备,将采集到的各种形式的信号转换成相应的电信号后输入到计算机内。按照测控功能硬件的不同,可将虚拟仪器分为 PC-DAQ、GPIB、VXI、PXI 和 LXI 总线五种标准体系结构。

基本硬件确定之后,要使虚拟仪器能按用户要求自行定义,必须有功能强大的应用软件,然而相应的软件开发环境长期以来并不理想,用户花在编制测试软件上的工时与费用相当高,即便使用 C、C++、C♯、Java 等高级语言,也不能满足缩短开发周期的要求。因此,世界各大公司都在改进编程及人机交互方面做了大量的工作,其中基于图形的用户接口和开发环境是软件工作中最流行的发展趋势。典型的软件产品有 NI 公司的 LabVIEW 和 LabWindows/CVI,安捷伦公司的 VEE,微软公司的 Measurement Studio for VB 等。

与传统仪器相比,虚拟仪器有以下优点:

(1) 融合计算机强大的硬件资源,突破了传统仪器在数据处理、显示、存储等方面的限制,大大增强了传统仪器的功能。

(2) 利用了计算机丰富的软件资源,实现了部分仪器硬件的软件化,增加了系统灵活性。通过软件技术和相应的数值算法,可以实时、直接地对测试数据进行各种分析与处理。同时,图形用户界面技术使得虚拟仪器界面友好、人机交互方便。

(3) 基于计算机总线和模块化仪器总线,硬件实现了模块化、系列化,提高了系统的可靠性和可维护性。

(4) 基于计算机网络技术和接口技术,具有方便、灵活的互联能力,广泛支持各种工业总线标准。利用虚拟仪器技术可方便地构建自动测试系统,实现测量、控制过程的智能化、网络化。

（5）具有计算机的开放式标准体系结构。虚拟仪器的硬件、软件都具有开放性、可重复使用及互换性等特点。用户可根据自己的需要选用不同厂家的产品,使仪器系统的开发更为灵活、效率更高,缩短系统构建时间。

虚拟仪器系统现已成为快速构建测试系统的一个基本方案,它是科学技术发展的必然结果。虚拟仪器技术十分符合国际上流行的"硬件软件化"的发展趋势,被广泛地称为"软件仪器"。虚拟仪器以计算机技术为基础,随着计算机技术的高速发展,虚拟仪器将向智能化、网络化的方向发展。虚拟仪器的技术优势使其应用非常广泛,尤其在科研开发、测量、检测、控制等领域。随着时间的推移,其必将对科学技术的发展和国防、工业、农业、航天等领域的进步产生巨大影响。

5.1.2　LabWindows/CVI 软件

1. 简介

一旦提及虚拟仪器开发软件,可能最先联想到的是 NI 公司推出的 LabVIEW 软件,其实该公司还有一款非常优秀的虚拟仪器开发软件 LabWindows/CVI。与 LabVIEW 相比,LabWindows/CVI 主要应用在各种测试、控制、故障分析及信息处理软件的开发中,其更适合中、大型复杂测试软件的开发,是工程技术人员开发建立监测系统、自动测量环境、数据采集系统、过程监测系统的首选工具。这也是本书选中其作为教学软件的原因。

LabWindows/CVI 是一种面向计算机测控领域的虚拟仪器软件开发平台,可以在多种操作系统（Windows 10/Windows 7/Windows XP、Mac OS 和 UNIX）下运行。LabWindows/CVI 为 C 语言程序员提供了一整套集成开发环境（IDE）,在此开发环境中可以利用 C 语言及其提供的库函数来实现程序的设计、编辑、编译、链接、调试。使用 LabWindows/CVI 可以完成以下工作,当然不局限于以下工作:

（1）交互式程序开发。

（2）具有功能强大的函数库,用来创建数据采集和仪器控制的应用程序。

（3）充分利用完备的软件工具进行数据采集、分析和显示。

（4）利用向导开发 IVI 仪器驱动程序和创建 ActiveX 服务器。

（5）为其他程序开发 C 目标模块、动态链接库（DLL）、C 语言库。

LabWindows/CVI 软件提供了丰富的函数库,利用这些库函数除可实现常规的程序设计外,还可实现更加复杂的数据采集和仪器控制系统的开发,例如:

数据采集库,包括 IVI 库、GPIB/GPIB 488.2 库、NI-DAQmx 库、传统的 NI-DAQ 库、RS-232 库、VISA 库、VXI 库以及 NI-CAN 库。

数据分析库,包括格式化 IO 库、分析库以及可选的高级分析库。

GUI 库,使用 LabWindows/CVI 的用户界面编辑器可以创建并编辑图形用户界面（GUI）,而使用 LabWindows/CVI 的用户界面库函数可以在程序中创建并控制 GUI。此外,LabWindows/CVI 为 GUI 面板的设计准备了许多专业控件,如曲线图控件、带状图控件、表头、旋钮和指示灯等,以适应测控系统软件开发的需求,利用这些控件可以设计出专业的测控程序界面。

网络和进程间通信库,包括动态数据交换(DDE)库、TCP 库、ActiveX 库、Internet 库、DIAdem 连接库、DataSocket 库等。

除此之外,用户可以在 CVI 中使用 ANSI C 库中的全部标准函数。

2. LabWindows/CVI 安装和开发环境

要安装 CVI,只需要根据 CVI 安装包里的"Release Notes. pdf"和"说明. txt"一步步完成安装即可。

安装完毕后,安装程序会在计算机的磁盘中 LabWindows/CVI 的目录安装一系列文件夹,每个文件夹中所涉及的主要内容如表 5-1 所示。

表 5-1　LabWindows/CVI 主要文件夹及其内容

目　录　名	说　　明
\bin	LabWindows/CVI 的库文件
\extlib	外部编译器使用的 CVI 库文件(只在 Windows 95/NT 中使用)
\fonts	字体文件
\include	头文件
\instr	仪器模块
\samples	CVI 开发例程
\sdk	SDK 库文件(只在 Windows 95/NT 中使用)
\toolslib	开发工具包和库文件
\tutorial	使用手册
\vxd	VXD 实例开发模板
\wizard	CVI 开发环境中的向导程序

其中,samples 文件夹中的例程可以使初学者迅速掌握 CVI 编程开发基本步骤,bin 文件夹下的 cvi. chm(也可以在 CVI 开发环境中按 F1 键打开)是学习 CVI 必不可少的参考文档。

安装完毕后,单击桌面上快捷方式图标 ▨ ,即可启动 CVI 软件,进入 LabWindows/CVI 的编程环境,其编程环境有四个主要的界面窗口(见图 5-1):

➢ 工程文件编辑窗口(Project Window),简称工程窗口;
➢ 用户界面编辑窗口(User Interface Editor Window);
➢ 源代码文件编辑窗口(Source Window),简称源代码窗口;
➢ 函数面板窗口(Function Panel)。

其中,工程窗口完成对 *. prj 文件的创建与编辑,用户界面编辑窗口完成对 *. uir 文件的创建与编辑,源代码窗口完成对 *. c 文件的创建与编辑。

因此,选择 LabWindows/CVI 作为检测系统软件设计的主要编程语言,采用面向对象的编程方法,借助其丰富的库函数,可以大大加快软件系统的开发。

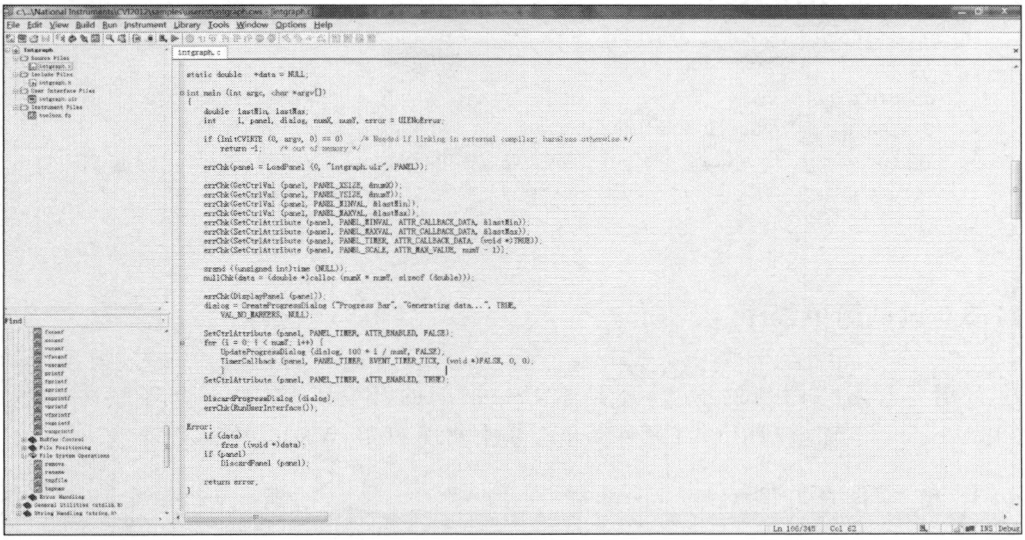

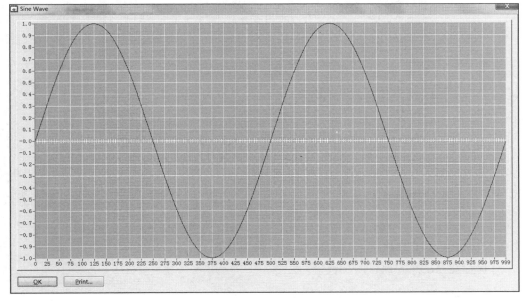

图 5-1　LabWindows/CVI 软件编程环境

　　例如，在其他软件中，绘制正弦函数图形往往需要编制一大段程序，而借助 CVI 强大的 analysis 库函数，可以轻松地绘制图 5-2 所示的正弦函数波形。事实上，其核心文件中只需要包含 analysis.h 文件，在 main 函数中写下 3 行核心代码，其他由系统自动生成即可。

图 5-2　CVI 程序绘制的正弦函数波形

```
# include < analysis. h >
int main (int argc, char * argv[])
{
    double sine[1000];                              //核心代码
    SinePattern(1000,1,0,2,sine);                    //核心代码
    YGraphPopup("Sine Wave", sine, 1000, VAL_DOUBLE);  //核心代码
    return 0;
}
```

5.1.3　调试简单程序

不管是学习一门新的语言,还是学习一个新的开发工具,第一个程序往往都是 HelloWorld。下面就利用 CVI 软件一步一步来实现 HelloWorld 程序。

1. 建立/保存工程

运行 LabWindows/CVI,初始状态的 CVI 会自动为用户建好一个新的工作空间 Untitled.cws 以及新的工程。Untitled.cws 文件是 CVI 工作空间文件(CVI WorkSpace),而.prj(project)是 CVI 的工程文件。单击菜单 File→New→Source(* . c),新建一个 C 文件,如图 5-3 所示。

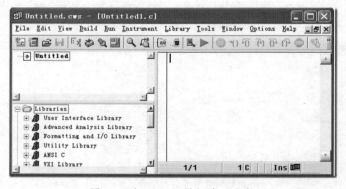

图 5-3　打开 CVI 并新建 C 文件

2. 输入代码保存代码文件

在新建的 C 文件中输入下列代码(图 5-4),单击菜单 File→Save Untitled1.c(或者按 Ctrl＋S 或者单击工具栏中的"保存"按钮),将新建的 C 文件保存在自己想要保存的位置中。

3. 编译运行

此时若单击菜单 Run→Debug Project(或者单击 工具栏中的绿色三角形按钮),则 CVI 会弹出如图 5-5

```
int main (int argc, char *argv[])
{
    printf("Hello, world!\n");
    getchar();
    return 0;
}
```

图 5-4　在新建的 C 文件中输入代码

所示提示,说明刚刚保存的 C 语言文件必须添加到一个工程中才能继续编译过程。此时单击 Yes 按钮会自动将 C 文件添加到工程中,若单击 Cancel 按钮也可以右击 Untitled 工程之后选择 Add File…添加 C 文件到工程中。

由于只保存了 C 文件,并未保存工程.prj 文件,所以右击 Untitled 工程之后选择 Save,将工程文件保存,如图 5-6 所示。

图 5-5　CVI 提示信息框

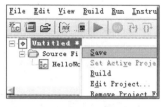

图 5-6　保存工程弹出信息框

此时若再单击菜单 Run→Debug Project(或者单击工具栏中的绿色三角形按钮),"HelloWorld!"成功运行,如图 5-7 所示。

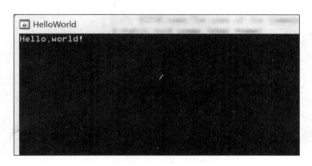

图 5-7　程序运行结果

总结起来,完成一个 HelloWorld 程序只需要执行"建立/保存工程"→"输入代码保存代码文件"→"编译运行"简单的三步。

若感兴趣,读者也可以将以前在 VC 中写的 C 语言程序代码复制到 CVI 中,看看在 CVI 中是否也能正确地运行。

其实,CVI 是支持 ANSI(American National Standards Institute,美国国家标准协会)C 的,只要是 ANSI C 的代码,在CVI 中一样可以运行。

初次接触 CVI 可能对 CVI 的"工作空间"与"工程"并不熟悉。一个工作空间中可能存在一个或多个工程。

CVI 每次编译时一般只对"当前"工程进行编译。需要注意的是,当前工程不是指当前打开的文件所在的工程,而是被设置为"Active Project"的工程。设置一个工程为当前工程,可以通过右击"工程→Set Active Project"来完成,被设置为当前工程的工程名会被加粗显示,如图 5-8 所示。

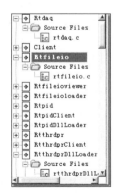

图 5-8　设置当前
工作工程 Rtfileio

CVI 也可以批量编译,即同时对一个工作空间下的多个工程进行编译。批量编译可以通过菜单 Build→Batch Build⋯来实现。

学习或提升一门编程语言的水平,最快速有效的是阅读大量优质的代码。NI 在 CVI 安装目录的 samples 下提供了大量的参考例程。大家可以将 samples 例程中的.cws 文件拖动到 CVI 中打开.cws 文件,运行并查看官方的代码。

5.1.4　实践与探索

1. 安装 CVI 软件,并实现类似图 5-2 CVI 程序运行结果所示的应用程序,要求产生高斯噪声波形。

2. 通过查看 NI 帮助文档或查找资料,探究 LabWindows/CVI 的各种程序模板及其应用。

5.2　案例 1　数据采集虚拟仪器构建

5.2.1　实践目的

(1) 掌握利用 LabWindows/CVI 软件编程控制 NI 采集卡的基本原理和方法。

(2) 通过案例,学会利用软件控制 PCI-6233 数据采集卡,设计信号采集和分析程序。

5.2.2　虚拟仪器驱动软件

1. 虚拟仪器软件结构

由 5.1 节可知,功能灵活且强大的软件是虚拟仪器系统的核心。根据 VPP(VXI plug&play)系统规范的定义,虚拟仪器系统的软件结构应包含应用程序开发环境、仪器驱动程序、输入/输出(I/O)接口软件三部分,如图 5-9 所示。

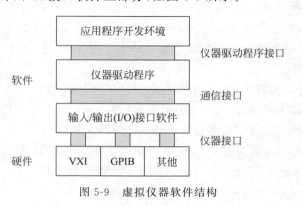

图 5-9　虚拟仪器软件结构

（1）输入/输出（I/O）接口软件：存在于仪器与仪器驱动程序之间，是一个完成对仪器内部寄存器单元进行直接存取数据操作、对总线背板与器件做测试与控制、并为仪器与仪器驱动程序提供信息传递的底层软件层，是实现开放的、统一的虚拟仪器系统的基础与核心。在 VPP 系统规范中，详细规定了虚拟仪器系统输入/输出（I/O）接口软件的特点、组成、内部结构与实现规范，并将符合 VPP 规范的虚拟仪器系统输入/输出（I/O）接口软件定义为 VISA（Virtual Instrument Software Architecture）软件。

（2）仪器驱动程序：每个仪器模块均有自己的仪器驱动程序。仪器驱动程序的实质是为用户提供用于仪器操作的较抽象的操作函数集。对于应用程序来说，它对仪器的操作是通过仪器驱动程序实现的；仪器驱动程序对于仪器的操作与管理，又是通过输入/输出（I/O）软件所提供的统一基础与格式的函数库（VISA 库）的调用实现的。对于应用程序设计人员来说，一旦有了仪器驱动程序，在不是十分了解仪器内部操作过程的情况下，也可以进行虚拟仪器系统的设计工作。仪器驱动程序是连接上层应用软件与底层输入/输出（I/O）软件的纽带和桥梁。过去，仪器供应厂家在提供仪器模块的同时提供的仪器驱动程序的形式，都类似于一个"黑匣子"，用户只能见到仪器驱动程序的引出函数原型，而将源程序"神秘"地隐藏起来。用户即使发现供应厂家提供的仪器驱动程序不能完全符合使用要求，也无法对其作出修改，仪器的功能由供应厂家而不是由用户本身来规定。而 VPP 规范明确地定义了仪器驱动程序的组成结构与实现，明确规定仪器生产厂家在提供仪器模块的同时，必须提供仪器驱动程序的源程序文件与动态链接库（DLL）文件，并且由于仪器驱动程序的编写是在 VISA 软件的共同基础上，因此仪器驱动程序之间有很大的互参考性，仪器驱动程序源程序也容易理解，从而提供给用户修改仪器驱动程序的权利和能力，使用户可以对仪器功能进行扩展，将仪器使用的主动权真正交给了用户。

（3）应用程序开发环境：常见的应用程序开发环境，包括 LabVIEW、LabWindows/CVI 和 Measurement Studio（Visual Studio 编程语言）等软件。具体开发环境的选择，可因开发人员的喜好不同而不同，但最终都必须提供给用户界面友好、功能强大的应用程序。

从图 5-9 可知，仪器驱动程序和输入/输出（I/O）接口软件对于虚拟仪器的开发异常重要，它的质量直接决定了虚拟仪器软件的质量。

2. NI-DAQmx 驱动软件

本节案例控制对象为 NI 公司的 PCI-6233 采集卡。作为 NI 测量设备，均附带 NI-DAQmx 驱动软件，下面简要介绍该软件。NI-DAQmx 驱动软件是一个用途广泛的库，可从 LabVIEW 或 LabWindows/CVI 中调用其库函数，对 NI 设备进行编程控制。NI 的测量设备包括各种 DAQ 设备，如 E 系列多功能 I/O（MIO）设备、SCXI 信号调理模块、开关模块等。驱动软件有一个应用程序编程接口（API），包括了创建某特定设备的相关测量应用所需的 VI、函数、类及属性。需要注意的是，NI 公司的 DAQ 函数库是伴随着 NI MAX 软件一起安装的。也就是说，要利用 DAQ 函数库，一定要先安装 NI MAX 软件。

下面介绍 NI-DAQmx 驱动软件中的几个重要概念。

1）虚拟通道和任务

虚拟通道，有时简称为通道，是将物理通道和通道相关信息（范围、接线端配置、自定义换算等格式化数据信息）组合在一起的软件实体。任务是具有定时、触发等属性的一个或多个虚拟通道。

与虚拟通道相对，物理通道是测量和发生模拟信号或数字信号的接线端或引脚。信号物理通道可包括一个以上接线端，例如，差分模拟输入通道或 8 线数字端口。设备上的每个物理通道都有唯一的符合 NI-DAQmx 实体通道命名规范的名称（例如，SC1Mod4/ai0、Dev2/ao5、Dev6/ctr3）。

虚拟通道是将物理通道和通道相关信息（范围、接线端配置、自定义换算等格式化数据信息）组合在一起的软件实体。使用"DAQmx 创建虚拟通道"函数/VI 或 DAQ 助手创建虚拟通道。

通过"DAQmx 创建虚拟通道"函数/VI 创建的虚拟通道是局部虚拟通道，只能在任务中使用。使用该函数，可选择虚拟通道的名称。该名称将用于 NI-DAQmx 的其他位置，用于指代该虚拟通道。

如使用 DAQ 助手创建虚拟通道，可在其他任务中使用这些虚拟通道，并在任务之外引用虚拟通道。因为这些虚拟通道是全局虚拟通道，可用于多个任务。可使用 NI-DAQmx API 或 DAQ 助手选择全局虚拟通道，并将其加入任务。如将一条全局虚拟通道添加若干个任务，然后使用 DAQ 助手修改这个全局虚拟通道，改动将应用于所有使用该全局虚拟通道的任务。全局虚拟通道的改动生效前必须先保存改动。

2）虚拟通道的类型

根据信号的类型（模拟、数字、计数器）和方向（输入、输出），可创建不同类型的虚拟通道。虚拟通道可以是全局虚拟通道或局部虚拟通道。

模拟输入通道——模拟输入通道使用各种传感器测量不同的物理量。创建的通道类型取决于传感器以及测量物理量的类型。例如，可创建热电偶测量温度的通道、测量电流电压的通道、测量带激励电压的通道等。

模拟输出通道——NI-DAQmx 支持两种类型的信号，即电流信号和电压信号。如设备测量的是其他信号，可将测得的信号进行转换得到电压或电流信号。

数字输入/输出通道——对于数字通道，可创建基于线和基于端口的数字通道。基于线的通道可包含设备一个或多个端口的一条或多条数字线。读取这些基于数字线的通道不会影响硬件上的其他数字线。

3）物理通道

物理通道的名称由设备标识符、斜杠（/）和通道标识符组成。例如，物理通道是 Dev1/ai1，设备标识符是 Dev1，通道标识符是 ai1。MAX 根据设备在系统中安装顺序的前后为设备分配标识符，如 Dev0、Dev1 等。当然也可在 MAX 中修改设备分配设备标识符。

对于模拟 I/O 和计数器 I/O，通道标识符由通道类型（模拟输入 ai、模拟输出 ao、计数器 ctr)和通道编号组成,如 ai1、ctr0。对于数字 I/O,通道标识符指定了一个端口,包括了端口中的所有线,如 port0。通道标识符可指定数字端口中的线,例如,port0/line1 指端口 0 的数字线 1。

如要指定一个物理通道的范围,在两个通道编号或物理通道名称的编号之间使用冒号分隔。例如,Dev1/ai0:4、Dev1/ai0:Dev1/ai4 均表示设备 Dev1 的模拟输入通道 0~4。

对于数字 I/O,在两个端口编号之间用冒号分隔,指定一个端口范围。例如,Dev1/port0:1 表示 Dev1 的数字端口 0。也可指定一个数字线的范围,例如,Dev1/port0/line0:4 表示设备 Dev1 端口 0 的数字线 0~4,Dev1/line0:31 表示设备 Dev1 的数字线 0~31。

4) 任务、虚拟通道、物理通道相互间的关系

对于虚拟通道,根据其建立是否从属于一个任务而分为全局虚拟通道和局部虚拟通道。在一个任务中建立的虚拟通道称为局部虚拟通道;在一个任务以上建立的虚拟通道称为全局虚拟通道。全局虚拟通道可用于任何应用程序,或添加到多个不同的任务中。一旦全局虚拟通道发生改变,则所有引用该全局虚拟通道的任务都将受到影响。多数情况下,使用局部虚拟通道更简便。物理通道是测量和发生模拟信号或数字信号的硬件设备的接线端或管脚。三者间的关系见图 5-10。

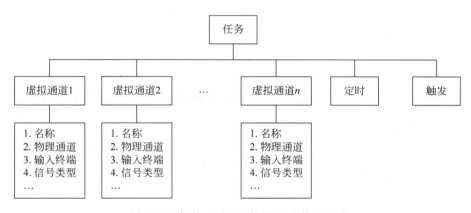

图 5-10 任务、虚拟通道、物理通道关系图

5) 虚拟通道的配置

可以通过 3 种方式配置 1 个数据采集编程的虚拟通道:利用 DAQ 助手、DAQmx 函数、DAQmx VI 函数。DAQ 助手可以从 NI MAX 中调用,如第 4 章 4.8 节实验;DAQmx 函数只能从 LabWindows/CVI 或者 VC++ 等编程环境中调用;DAQmx VI 函数则可以通过 LabVIEW 调用。这种关系如图 5-11 所示。

3. DAQmx 函数库

当 NI MAX 正确地完成安装后,在其安装目录中,如 C:\Program Files(x86)\National Instruments\Shared\CVI\toolslib\custctrl,就会出现 daqmxioctrl. fp 文件。当在 CVI 开发界面中编辑 DAQ 相关工程时,在 Libraries 会出现 NI-DAQmx Library,展

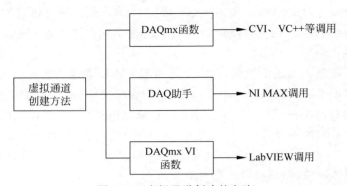

图 5-11　虚拟通道创建的方法

开后,可以看到包括任务配置、通道配置、时基配置、触发设置、读、写、错误处理等函数,可以根据需要选择相应的函数。

4. NI PCI-6233 数据采集卡的控制方法

本节以 CVI 控制 NI PCI-6233 采集卡为例说明,其主要步骤如下:

(1) 创建一个任务。

(2) 生成一个模拟输入电压通道。

(3) 设置采样速率,定义采集模式,选择连续采集或单次采集。

(4) 调用采集函数以启动采集。

(5) 在 EveryNCallback 回调函数中读数据直到停止按钮按下或者错误发生。

(6) 调用 Clear Task 函数清除任务。

(7) 如果发生错误则显示错误。

5.2.3　数据采集程序分析

利用 CVI 打开本节的例子程序"ContAcq-IntClk",分析其 DAQ 控制代码。此程序较好地诠释了如何控制 NI PCI-6233 采集卡进行连续 A/D 采集、数据显示的过程,具有很高的参考价值,下面对该程序的各个函数中相关的代码进行分析。

1. main 函数

```
int main( int argc, char * argv[])
{
    …
    //设置采集卡的物理通道
    NIDAQmx_NewPhysChanAICtrl(panelHandle,PANEL_CHANNEL,1);
    …
    //采集数据工作结束后将所建立的采集任务清除
    if( gTaskHandle )
```

```
        DAQmxClearTask(gTaskHandle);
    …
}
```

2. Start 按钮回调函数

```
/*********************************************/
// DAQmx Configure Code
/*********************************************/
//创建数据采集任务
DAQmxErrChk (DAQmxCreateTask("",&gTaskHandle));
//设置模拟电压输入通道,单端有参考地输入,输入范围由变量 min 和 max 确定,输入信号单位为伏特
DAQmxErrChk(DAQmxCreateAIVoltageChan(gTaskHandle,chan,"",DAQmx_Val_RSE,min,max,DAQmx_
Val_Volts,NULL));
//设置模拟输入通道的采样时钟为板上时钟,电压采样率根据 rate 变量设置,上升沿触发采样,
//连续采样模式,输入范围由变量 min 和 max 确定,采样点数由变量 sampsPerChan 确定
DAQmxErrChk(DAQmxCfgSampClkTiming(gTaskHandle,"",rate,DAQmx_Val_Rising,DAQmx_Val_
ContSamps,sampsPerChan));
DAQmxErrChk(DAQmxGetTaskAttribute(gTaskHandle,DAQmx_Task_NumChans,&gNumChannels));
//根据采样通道数和采样点数之积申请存储数据内存,如果内存不足,报错
    if( (gData = (float64 *)malloc(sampsPerChan * gNumChannels * sizeof(float64))) == NULL ) {
            MessagePopup("Error","Not enough memory");
            goto Error;
        }
//每完成一次采集,调用 EveryNCallback 回调函数一次
DAQmxErrChk(DAQmxRegisterEveryNSamplesEvent(gTaskHandle,DAQmx_Val_Acquired_Into_Buffer,
sampsPerChan,0,EveryNCallback,NULL));
//停止采集后,调用 DoneCallback 回调函数一次
DAQmxErrChk (DAQmxRegisterDoneEvent(gTaskHandle,0,DoneCallback,NULL));
```

3. EveryNCallback 回调函数

```
/*********************************************/
// DAQmx Read Code
/*********************************************/
//从采集卡的 FIFO 中读出数据,nSamples 变量设置读出数,等待读出时间为 10s,数据按照采样数
//来编组,函数的输出为每通道采样数,读出数据数组
DAQmxErrChk(DAQmxReadAnalogF64(taskHandle,nSamples,10.0,DAQmx_Val_GroupByScanNumber,
gData,nSamples * gNumChannels,&numRead,NULL));
```

4. DoneCallback 回调函数

```
//释放所申请的内存
if( gData ) {
        free(gData);
        gData = NULL;
```

```
    }
//将采集任务句柄清零,停止数据采集任务
    gTaskHandle = 0;
```

5. 错误处理相关代码

在程序运行过程中,由于种种原因,可能会出现各种错误,因此,相关的错误处理代码必不可少,否则就会出现程序异常中断,甚至导致系统崩溃。

```
Error:
    if( DAQmxFailed(error) ) {
        //如果发生错误,将错误内容写入 errBuff 数组中
DAQmxGetExtendedErrorInfo(errBuff,2048);
        /*********************************************/
        /* DAQmx Stop Code
        /*********************************************/
        //停止 DAQ 采集任务
DAQmxStopTask(taskHandle);
        //清除 DAQ 采集任务
DAQmxClearTask(taskHandle);
        //将采集任务句柄清零,停止数据采集任务
gTaskHandle = 0;
//释放所申请的内存
        if( gData ) {
            free(gData);
            gData = NULL;
        }
        MessagePopup("DAQmx Error",errBuff);
        SetCtrlAttribute(panelHandle,PANEL_START,ATTR_DIMMED,0);
```

5.2.4 数据采集实践

1. 所用设备

序　　号	名　　称	型　　号	数　　量
1	西门子工控计算机	IPC3000 SMART	1
2	数据采集卡	NI PCI-6233	1
3	数据采集卡附件	NI CB-37F-HVD	1
4	信号发生器	DG1022U	1
5	数字示波器	DS1072U	1

2. 单通道采集信号发生器输出信号

启动 DG1022U 信号发生器,设置通道 1 为输出通道,信号类型为正弦波,频率为

100Hz,峰-峰值为 5V,偏移量为 0V。将信号发生器输出正弦信号接入模拟输入通道 1。启动采集程序,单击 Start 按钮,得到图 5-12 所示不断更新的波形。根据波形可知,所采集数据正确。至此,改变输出信号设置、采样频率、采用通道,检查所采集波形是否正确。单击 Stop 按钮,数据采集工作停止,波形停止更新。

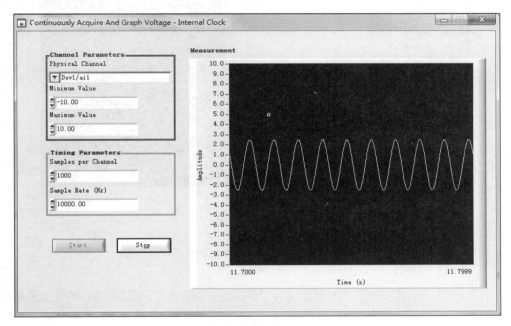

图 5-12 采集 100Hz 正弦信号的波形

3. 多通道采集信号发生器输出信号

利用该程序,也可以实现多通道采集。单击 Physical Channel 控件,再单击 Browse⋯,进入图 5-13 所示界面,选择 Dev1/ai1 和 Dev1/ai2 通道,单击 OK 按钮后,Physical Channel 控件的内容显示 Dev1/ai1:2。

利用 DG1022U 信号发生器输出二路信号,其中通道 1 输出信号依然为频率为 100Hz、峰-峰值为 5V、偏移量为 0V 的正弦波;通道 2 输出信号设定为频率为 100Hz、峰-峰值为 3V、偏移量为 0V 的三角波。启动采集程序,单击 Start 按钮,得到如图 5-14 所示的采集界面,其中采集所得的正弦波、三角波与信号发生器的设置一致。

思考题

1. 利用本节所提供的数据采集程序,通过编程分别改变通道输入电压范围、采集频率、采集点数,显示所得的信号波形。

2. 编程实现单次数据采集数据,采集点数为 1000,采集频率为 20kS/s,并将所采集数据存入指定的数据文件中。

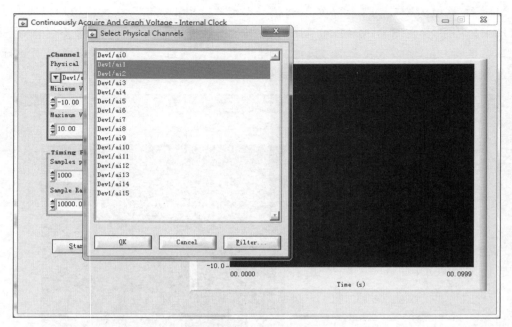

图 5-13　采集通道选择设置界面

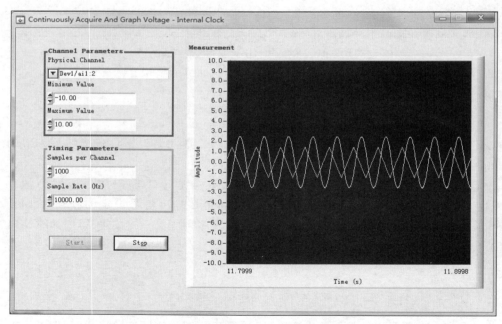

图 5-14　二路信号同步采集波形

5.3 案例2 网络化虚拟仪器构建

5.3.1 实践目的

（1）通过案例学习，掌握利用CVI软件编程实现基于以太网的虚拟仪器构建的基本原理。

（2）针对给定的局域网和数据采集卡，能利用CVI软件设计远程信号采集和分析程序。

5.3.2 基于以太网的虚拟仪器构建

与传统的检测仪器相比，基于以太网的虚拟仪器检测平台性价比高。它一方面能够同时对多个参数进行实时检测；另一方面，由于信号传送和数据处理都是靠软件来实现，大大降低了环境干扰和系统误差的影响。此外，用户还可以根据需要随时调整软件以调整仪器的功能，从而大大缩短了仪器在改变测量对象时的更新周期。基于以太网的虚拟仪器检测平台具有良好的人机界面，测量结果通过计算机屏幕上的面板来显示，综合各类仪器的特色，突破了传统仪器及仪表在测量数据以及处理数据等方面的限制，可以方便地进行维护和功能扩展，并且很容易实现升级，提高检测仪器的机动性及通用性，从而可以显著提高设备的检测技术水平，避免低层次的重复开发，减少浪费。

1. 基于C/S模式的虚拟仪器

本节拟构建基于C/S模式的网络化虚拟仪器（模型见图5-15），其流程为：

（1）服务器初始化，启动数据采集和服务器进程，进入等待的循环；此时客户机就可以与服务器建立连接。

（2）连接建立以后，客户机和服务器之间就可进行数据交互与传送；直到客户机关闭连接，服务器才关闭与客户机间的连接。一个服务器可同时为多个客户机提供服务，同样，单个客户机也可以同时接受不同服务器提供的服务。

（3）客户机将接收到的数据保存到数据库。

（4）客户端工控计算机对接收的数据进行分析，并生成报表。

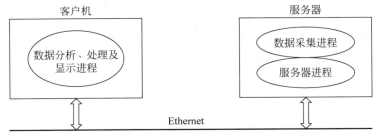

图 5-15　基于C/S模式的网络化虚拟仪器模型图

现场端和远程端均运行 DataSocket 服务器程序,由 DataSocket 服务器完成底层的数据通信任务。对现场端而言,发送数据程序(Write)负责将测试数据发送到本地的 DataSocket 服务器,接收数据程序(Read)通过网络从远程端的 DataSocket 服务器读取控制信号。对远程端而言,发送数据程序负责将控制信号发送到本地的 DataSocket 服务器,接收数据程序通过网络从现场端的 DataSocket 服务器读取测试数据。测试数据和控制信号均采用 DataSocket 技术中的 DSTP 传输,以提高数据传输的效率。DSTP 是一种应用于远程数据传输的专用网络协议,数据发送前的打包和接收端的解包比较简单,额外的冗余数据也少,此协议比在程序中直接利用 TCP/IP 来传递数据具有更好的实时性。

基于 DataSocket 技术的测控系统基本结构如图 5-16 所示。

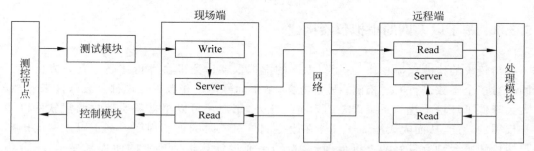

图 5-16　基于 DataSocket 技术的测控系统基本结构

2. DataSocket 技术

1)简介

DataSocket 是一种基于 TCP/IP 的网络新技术,支持本地文件 I/O 操作、FTP 和 HTTP 文件传输、实时数据共享,并提供统一的 API 编程接口,具有方便使用、高效编程、不需了解底层操作过程等优点,适合于远程数据采集、监控和数据共享等应用程序的开发。从结构上看,DataSocket 包括 DataSocketAPI 和 DataSocketServer 两部分。DataSocketAPI 提供了简单的应用接口,作为客户,可以在多种编程环境下与多种数据类型通信。DataSocketAPI 包含四个基本动作:Open、Read、Write 和 Close。除了从 DataSocketServer 上获取数据外,DataSocket 还可以获得 HTTP Server、FTP Server 和 OPC Server 的数据。DataSocketServer 是一个独立运行的程序,是提供数据交换的场所,作为服务器,负责存储数据源发布的数据,然后提供给请求的计算机。利用 DataSocket 接口开发通信程序,通常应用的是面向连接的 DataSocket 系统调用,该调用首先在客户机和服务器间创建一个连接并建立一条通信链路,以后的网络通信操作完全在这一对进程之间进行,通信完毕后关闭此连接过程。

2)DataSocket 技术的应用

使用 DataSocket 进行网络通信程序的流程为:

(1)调用 DS_Open 创建 DataSocket 对象,使用 URL 进行数据源定位的连接。使用不同 URL(HTTP、FTP、DSTP 等),该函数创建相应的数据对象及属性对象,确定读取数据方式,当数据、数据属性、连接状态发生改变时回调函数,连接成功,返回句柄。

(2)调用 DS_GetDataValue()读取数据。不同的读取方式,读回的数据的时效性有很大的差别。读方式为 ReadAutoUpdate,客户端 DataSocket 对象中所包含的数据是数据源。对象数据、属性一旦发生改变,客户端 DataSocket 对象包含的数据是在程序中调用 DS_Update 后的数据。

(3)调用 DS_DiscardObjHandle()断开连接。

图 5-17 是 DataSocket 程序流程图。

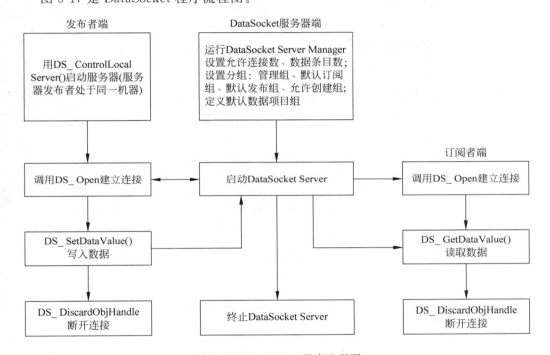

图 5-17　DataSocket 程序流程图

DataSocket Server 是免编程的,只需通过 DataSocket Server Management 的配置(图 5-18),就能完成安全管理、权限管理、进程管理等。首先设置允许连接数和允许创建的数据项目数,系统允许的最大值是 1000 个,然后设置分组,包括管理组、默认订阅组、默认发布组、允许创建组。这样,DataSocket 服务器可由一个或多个主机管理,一个数据项目可对应多个发布者和订阅者。图 5-19 是 DataSocket 服务器工作界面。

5.3.3　数据发送与接收程序设计

1. DataSocket 数据发送程序

第一步:设计程序界面(图 5-20),生成程序框架。

第二步:设计主程序,启动本地 DataSocket 服务器程序。

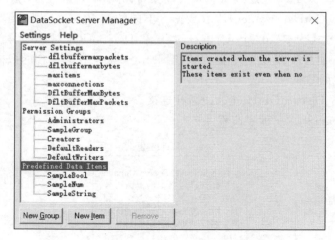

图 5-18　DataSocket Server Manager 界面示意图

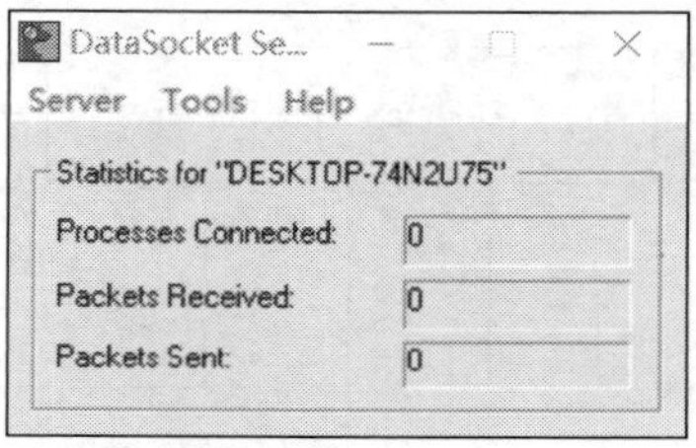

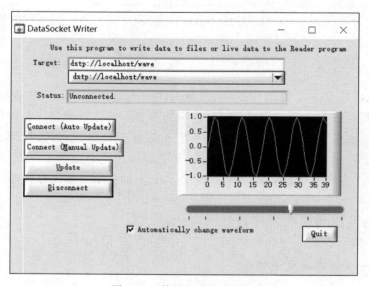

图 5-19　DataSocket Server 界面示意图

图 5-20　数据发送程序界面

```
int main (int argc, char * argv[ ])
{
    if (InitCVIRTE (0, argv, 0) == 0)
    if ((panelHandle = LoadPanel (0, "Writer.uir", PANEL)) < 0)
        return − 1;
    DisplayPanel (panelHandle);
    DS_ControlLocalServer (DSConst_ServerLaunch);
RunUserInterface ();
DS_ControlLocalServer (DSConst_ServerClose);
    DiscardPanel (panelHandle);
    return 0;
}
```

第三步：创建 DataSocket 对象并连接到数据源。

```
int CVICALLBACK OnConnectManual (int panel, int control, int event,
        void * callbackData, int eventData1, int eventData2)
{
    char URL[500];
    BOOL bValue;
    switch (event)
{
        case EVENT_COMMIT:
SetCtrlAttribute (panelHandle, PANEL_TIMER, ATTR_ENABLED, FALSE);
            if (dsHandle)
{
                DS_DiscardObjHandle(dsHandle);
                dsHandle = 0;
            }
GetCtrlVal (panelHandle, PANEL_SOURCE, URL); DS_Open (URL, DSConst_Write, DSCallback,
NULL, &dsHandle);
        OnSlideChanged (panelHandle, PANEL_NUMERICSLIDE, EVENT_COMMIT, NULL, 0, 0);
        DS_Update (dsHandle);
        GetCtrlVal (panelHandle, PANEL_CHECKBOX, &bValue);
SetCtrlAttribute (panelHandle, PANEL_TIMER, ATTR_ENABLED, bValue);
            break;
}
    return 0;
}
```

第四步：设计写 DataSocket 对象数据程序。

```
int CVICALLBACK OnSlideChanged (int panel, int control, int event,
        void * callbackData, int eventData1, int eventData2)
{
    double value;
    int i;
    HRESULT hr = S_OK;
    DummyType dummy;
```

```
    char str[2];
    str[1] = 0;
    switch (event)
{
        case EVENT_COMMIT:
        GetCtrlVal (panelHandle, PANEL_NUMERICSLIDE, &value);
            for (i = 0; i < 40; i++)
{
                dummy.waveform[i] = sin(i * value);
            }
        GraphData(dummy.waveform, 40);
        dummy.item1 = (unsigned char)((int)(value * 100) % 26) + 'A';
        dummy.item2 = value;
if (dsHandle)
{
    hr = DS_SetDataValue (dsHandle, CAVT_FLOAT|CAVT_ARRAY, dummy.waveform, 40, 0);
            }
            break;
    }
    return 0;
}
```

第五步：断开连接，释放 DataSocket 对象。

```
int CVICALLBACK OnDisconnect (int panel, int control, int event,
        void * callbackData, int eventData1, int eventData2)
{
    switch (event)
{
        case EVENT_COMMIT:
            SetCtrlAttribute (panelHandle, PANEL_TIMER, ATTR_ENABLED, FALSE);
            if (dsHandle) {
                DS_DiscardObjHandle(dsHandle);
                dsHandle = 0;
            }
            SetCtrlVal (panelHandle, PANEL_STATUS, "Unconnected.");
            break;}
    return 0;}
```

第六步：程序结束，停止 DataSocket 服务器程序。

2. DataSocket 数据接收程序

第一步：设计程序界面（图 5-21），生成程序框架。
第二步：设计主程序，创建 DataSocket 对象并连接到数据源。

```
int CVICALLBACK OnConnectAuto (int panel, int control, int event,void * callbackData, int
eventData1, int eventData2)
{
```

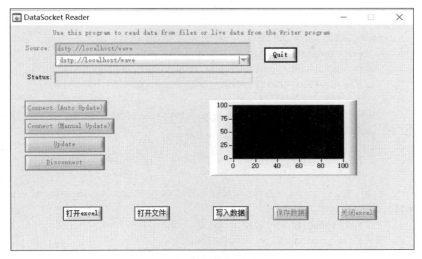

图 5-21　数据接收程序界面

```
HRESULT error;
char URL[500];
switch (event)
{
case EVENT_COMMIT:
/* 如果句柄已存在,则在打开前先关闭 */
if (dsHandle)
{
DS_DiscardObjHandle(dsHandle);
dsHandle = 0;
}
singleX = 0;
ClearGraph();
/* 先获取 URL,再创建 DataSocket 对象,设置为自动刷新模式 */
GetCtrlVal (panelHandle, PANEL_SOURCE, URL);
error = DS_Open (URL, DSConst_ReadAutoUpdate, DSCallback, NULL, &dsHandle);
break;
    }
return 0;
}
```

第三步：设计写 DataSocket 回调函数读取 DataSocket 对象数据。

```
void CVICALLBACK DSCallback (DSHandledsHandle, int event, void * pUserData)
{
    HRESULT hr = S_OK;
    float singleFloat;
    char message[1000];
    unsigned int sz;
    unsigned type;
```

```
    switch (event)
    {
        case DS_EVENT_DATAUPDATED:
            ClearGraph( );
            hr = DS_GetDataType (dsHandle, &type, NULL, NULL);
            if (type & CAVT_ARRAY)
            {
            hr = DS_GetDataValue (dsHandle, CAVT_FLOAT|CAVT_ARRAY, fdata, 5000 * sizeof
(float), &sz, NULL);
            }
            else
            {
                hr = DS_GetDataValue (dsHandle, CAVT_FLOAT, &singleFloat, sizeof(float),
NULL, NULL);
                if (singleX >= 5000)singleX = 0;
                fdata[singleX] = singleFloat;
                singleX++;
                sz = singleX;
            }
            if (SUCCEEDED(hr)) GraphData(fdata, sz);
            return;
            break;
        case DS_EVENT_STATUSUPDATED:
            hr = DS_GetLastMessage (dsHandle, message, 1000);
            if (SUCCEEDED(hr))
                SetCtrlVal (panelHandle, PANEL_STATUS, message);
            break;
    }
    return;
}
```

第四步：断开连接，释放 DataSocket 对象。

```
int CVICALLBACK OnDisconnect (int panel, int control, int event,
        void * callbackData, int eventData1, int eventData2)
{
    switch (event)
    {
        case EVENT_COMMIT:
            SetCtrlVal (panelHandle, PANEL_STATUS, "Unconnected.");
            if (dsHandle) {
                DS_DiscardObjHandle(dsHandle);
                dsHandle = 0;
            }
            singleX = 0;
            break;
    }
    return 0;
}
```

思考题

（1）利用本节所提供的例子程序，通过编程实现利用网络远程改变通道输入电压范围、采集频率、采集点数，远程接收所测得数据，并显示其信号波形。

（2）阅读相关文献，探索利用 CVI 软件中的 TCP 和 UCP 控件，代替 DataSocket 控件实现第（1）题中的任务。

5.4 案例 3 柴油机振动信号采集与分析

5.4.1 实践目的

（1）掌握柴油发动机振动分析原理和振动信号采集方法。
（2）通过案例学习，学习缸盖振动信号的角域平均处理方法。

5.4.2 柴油机振动信号分析

1. 概述

柴油机作为大型机械设备的动力源，其运行状态直接影响着设备效能的发挥。通常，大功率柴油机结构复杂，工作环境恶劣，故障率高。据统计，柴油机产生的故障占装备全部故障的 20% 以上，是大型机械设备的主要故障源，而且常常因故障不能及时发现而造成事故。常用的柴油机"定期维修"方案对装备使用过程中柴油机运行状态的实时监测能力不足，容易因"维修滞后"而造成潜在故障不能及时发现和排除，从而导致故障恶化。同时，由于该维修方式忽视了设备的个体差异和具体状态，可能会因"维修不足"而导致设备维修不到位，从而造成严重事故；或者因"过剩维修"而造成资源浪费，提高设备维护成本。因此，综合利用设备状态监测与故障诊断手段对柴油机的运行状态进行准确识别，从而实现柴油机的"视情维修"，是提高柴油机维护效率的有效途径。

在传统的柴油机状态监测手段中，主要依赖机油压力、机油温度和冷却水温等参数，但这些参数属于缓变参数，其精度和可靠性不足。柴油机振动信号，特别是缸盖振动信号，含有大量柴油机状态信息，易于在线测试与处理，实现对柴油机运行状态的在线监测。

2. 柴油机缸盖振动信号特点

柴油机缸盖系统结构复杂，承受缸内气体压力、气门落座瞬时冲击力、活塞不平衡往复惯性力、曲轴不平衡惯性力以及随机激励等多种激励。气体压力、气门落座冲击力使缸盖产生相对机身的振动；而不平衡惯性力、沿活塞连杆传递的气体压力则通过机身传递到缸盖上，使机身和缸盖一起振动。

以 F3L912 型柴油机为例，根据配气机构配气定时规律，分析如图 5-22 所示的 F3L912 型柴油机第 1 缸盖表面的振动响应组成，这些瞬态信号分别表示：A 为 1 缸燃烧气体压力冲击响应和喷油器针阀落座冲击响应，B 为 2 缸燃烧气体压力冲击响应，C 为 3 缸燃烧气体压力冲击响应，D 为 1 缸排气门开启冲击响应，E 为 1 缸排气门落座冲击响应，F 为 1 缸进气门落座冲击响应（进气门开启时的振动响应不大，在图中没有标出此时刻）。

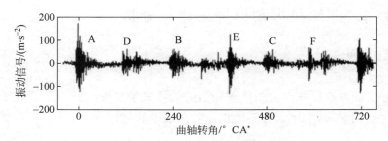

图 5-22　F3L912 型柴油机第 1 缸盖振动响应

从图中看到，对缸盖振动影响较大的是气体压力、气门关闭冲击，而机身振动对缸盖振动影响较小。缸内气体压力、排气门关闭冲击和开启以及进气门关闭所产生的响应各自按照一定规律作用于缸盖，根据缸盖表面测得的振动响应可以推断各个激励源的性质，从而对柴油机各部件技术状态进行判断。

3. 缸盖振动信号预处理

由于柴油机工作环境恶劣，缸盖振动信号不仅包含配气相位角、燃爆时间等有用信息，还包含很多的噪声干扰。如果背景噪声很强，不但信号的时间历程显示不出规律性，而且在频谱图上这些周期分量都可能被淹没在背景噪声中。

时域多段平均分析是从混有白噪声干扰的振动信号中提取周期信号的有效方法，对时域信号，按一个周期为间隔截取信号，然后将得到的每段信号叠加平均，这样可以消除信号中的非周期分量和随机干扰，保留稳定的周期分量，使设备可以在噪声环境下工作，提高分析信噪比。此外，时域同步平均也可作为一种重要的信号预处理过程，其平均结果可再进行频谱分析或作其他处理，如时序分析、小波分析等，均可得到比直接分析处理高的信噪比。

设信号 $x(t)$ 由周期信号 $f(t)$ 和白噪声 $n(t)$ 组成，即

$$x(t) = f(t) + n(t) \tag{5-1}$$

以 $x(t)$ 的周期 M 去截取信号 $x(t)$，共截得 N 段，然后将各段对应点相加，由于白噪

＊　CA 实际上是 CA 循环，也叫"有限时间热力学循环"。因为 Curzon 和 Ahlborn 较早开始研究，常用二位学者的名字来称此循环为"CA"循环。

声的不相关性,可以得到

$$x(t_i) = Nf(t_i) + \sqrt{N}n(t) \qquad (5\text{-}2)$$

对 $x(t_i)$ 求平均,得到输出信号 $y(t_i)$:

$$y(t_i) = \frac{x(t_i)}{N} = f(t_i) + \frac{n(t)}{\sqrt{N}} \qquad (5\text{-}3)$$

此时,输出的白噪声是原来输入信号 $x(t)$ 中白噪声的 $1/\sqrt{N}$,因此信噪比将提高 $\sqrt{N}$ 倍。

由柴油机缸盖振动情况可知,缸盖上的振动信号是有规律的、周期性出现的。如果根据常用的时域多段平均的方法,以时间信号作为每个周期所选择的同步信号来做多段平均,由于瞬时转速的波动性,每个周期所经历的时间是不同的,因此,时域平均在此条件下并不完全适用,可以考虑用角域同步平均技术来解决这个问题。

根据发动机缸盖振动信号产生的机理,气体燃爆及气门开启/关闭所引起的振动信号总是出现在曲轴的同一转角位置,也就是说,对于同一种工况,配气相位角是固定的。无论转速的高低,如果以角度来表示振动发生的位置,就可以消除转速波动的影响。对于四冲程发动机来说,一个工作循环即一个周期是曲轴转两圈,即 $720°\text{CA}$。选取曲轴转角作为判断的同步信号,即以飞轮每个轮齿转过的角度作为同步触发信号,进行角域平均。

5.4.3　缸盖振动信号采集与分析

1. 所用设备

序　号	名　　称	型　号	数　量
1	西门子工控计算机	IPC3000 SMART	1
2	数据采集卡	NI PCI-6233	1
3	柴油发动机	F3L912 型	1
4	振动传感器	QSY8611	1
5	光电传感器	GD320	1
6	信号调理装置	自研	1

2. 实验系统搭建

整个测试系统结构如图 5-23 所示。

实验在 F3L912 型三缸内燃机实验台架上进行,F3L912 为 3 缸四冲程柴油发动机,发火顺序为 1 缸—2 缸—3 缸,缸径 100mm,行程 120mm,额定功率和额定转速分别为 30kW 和 3000r/min,飞轮齿数 $Z=129$。其中实验台架如图 5-24 所示。

振动传感器 QSY8611 的安装位置如图 5-25 所示。

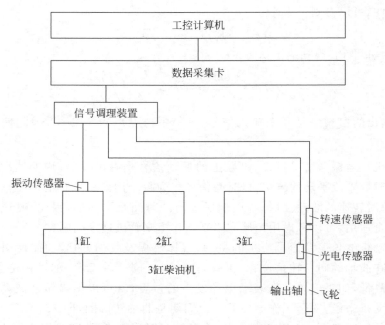

图 5-23　缸盖振动信号测试系统图

图 5-24　F3L912 型柴油机发动机实验台架

图 5-25　振动加速度传感器安装位置

3.　测试步骤及结果分析

测试过程中柴油机为空载工况,将振动传感器装在第 1 缸的缸盖上,光电传感器用来测取曲轴上止点的位置,磁电式转速传感器安装在机壳上,用来测飞轮的转速,信号的采样频率为 32.768kS/s。

其中以光电传感器测取的第 1 缸压缩上止点信号作为定位发动机曲轴转角的零位置即发动机的一个工作循环的开始,转速传感器测取的发动机飞轮转速信号用来提供飞轮每个轮齿的转角。一个完整工作循环的上止点、振动及转速信号如图 5-26 所示。

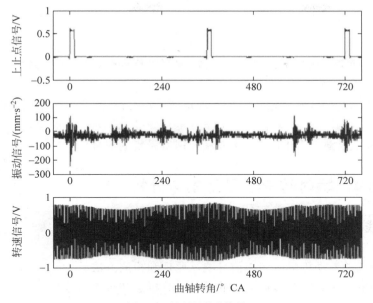

图 5-26　原始测试信号

由磁电式转速传感器直接测得的飞轮位移信号为近似正弦波信号,每个正弦波对应飞轮上的一个轮齿。因此可以用正弦波过零点作为角域平均的同步信号进行采样。由于转速的波动,导致每个齿内采到的数据点不一样多,可以采用插值的方法对采样数据进行插值处理,使每个齿内的采样点数相同,然后进行角域平均。为了更好地反映振动特性,可以滤去与振动无关的低频趋势项。图 5-27 为进行了 7 次角域平均之后得到的振动信号。

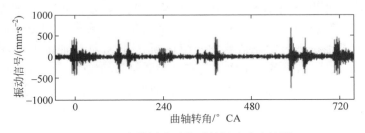

图 5-27　角域同步平均后的振动响应波形

由此可见,对于工作环境恶劣的发动机来说,由于其缸盖上的振动信号中有很多的噪声干扰,同时缸盖振动信号又是有规律的、周期性出现的,为了消除信号中的非周期分量和随机干扰,保留稳定的周期分量,提高分析信噪比,采用角域同步平均技术可对其进行有效预处理。与时域平均相比,角域同步平均技术以飞轮每个轮齿转过的角度作为同步触发信号,克服了转速波动导致的一个周期经历的时间不等的问题。

思考题

1. 独立构建柴油机振动信号测试系统,编写采集程序,同步采集振动、转速与光电传感器输出信号,显示其波形。

2. 利用 MATLAB 软件进行编程实现角域平均算法,并对所采集到的信号进行角域平均处理。

3. 阅读相关文献,利用小波变换方法处理所采集的信号。

5.5 案例4 瞬时转速信号采集与分析

5.5.1 实践目的

(1) 掌握柴油发动机瞬时转速信号测试原理和检测方法。

(2) 通过案例学习瞬时转速信号的域波形分析法和阶次谱分析法。

5.5.2 柴油机瞬时转速信号分析原理

1. 概述

在柴油机工作过程中,当柴油机进入压缩冲程时,在压缩气体阻扭矩的作用下,曲轴的旋转速度变慢;当柴油机的某一气缸着火燃烧进入膨胀做功冲程时,气缸膨胀产生的扭矩大于曲轴的阻扭矩,曲轴的旋转速度加快。在柴油机的循环工作中,各气缸依次进入压缩冲程和膨胀冲程,从而使曲轴的转速在某一平均转速附近上下波动,此即为曲轴转速的波动特性。转速的波动波形包含着丰富的气缸压力和输出扭矩的信息,利用转速波动波形可以对柴油机进行状态监测和故障诊断。对 N 缸柴油机来说,在一个工作循环内其转速有 N 次波动,当各缸工作情况完全相同时,瞬时转速曲线的 N 个波形应完全一致。而实际上,各缸工作情况不可能完全相同,因而,实测的瞬时转速曲线上各个波形必然出现差异。

2. 基于瞬时转速分析的发动机工况检测机理

对于多缸发动机,有扭矩平衡方程

$$J\ddot{\theta} = T_e(\theta) = T_p(\theta) - T_r(\theta) - T_L \tag{5-4}$$

式中,假设曲轴飞轮系统是刚性轴;J——整个轴系旋转运动部分有效集总转动惯量(包括自由端、飞轮、负载机构和所有各缸曲柄连杆机构旋转运动部分转动惯量);θ——曲轴转角;$\ddot{\theta}$——曲轴转角加速度;$T_e(\theta)$——整个轴系旋转惯性扭矩;T_L——负载力矩,视作常数;$T_p(\theta)$——气体力扭矩;$T_r(\theta)$——往复输出扭矩。

$$T_p(\theta) = A_p r \sum_{k=1}^{N} \left[f_p^{(k)}(\theta) f(\theta - \phi_k) \right] \tag{5-5}$$

$$T_r(\theta) = m^2 r^2 \sum_{k=1}^{N} \left\{ \ddot{\theta} f(\theta - \phi_k) + \dot{\theta}^2 g(\theta - \phi_k) f(\theta - \phi_k) \right\} \tag{5-6}$$

式中，ϕ_k——第 k 缸相对于第 1 缸发火相位；N——气缸数；r——曲柄半径；f_p——气缸压力；A_p——活塞面积；m——整个机构中，做往复运动和旋转运动的集中换算质量。

对四冲程内燃机有

$$\phi_k = \frac{4\pi}{N}(k-1) \tag{5-7}$$

$$f(\theta) = \sin\theta + \frac{\lambda \sin 2\theta}{2\sqrt{1 - \lambda^2 \sin^2\theta}} \tag{5-8}$$

$$g(\theta) = \cos\theta + \frac{\lambda \cos 2\theta}{\sqrt{1 - \lambda^2 \sin^2\theta}} + \frac{\lambda^3 (\sin 2\theta)^2}{4\sqrt{(1 - \lambda^2 \sin^2 2\theta)^3}} \tag{5-9}$$

$$\ddot{\theta} = \frac{1}{2} \frac{\mathrm{d}[\omega(\theta)]^2}{\mathrm{d}\theta} \tag{5-10}$$

其中，λ——曲径连杆比，$\lambda = r/L$；L 为连杆长度；$\omega(\theta) = \dot{\theta}$。

从上式可知，当扭矩波动时，转速 ω 必然发生波动；反过来，ω 的波动则反映了扭矩的波动，而扭矩的波动又与气缸工作状态，如喷油、进气、燃烧等因素有关，因此可以利用速度传感器测取瞬时转速信号，以诊断发动机各缸工况。

3. 瞬时转速信号检测方法

目前，瞬时转速的测量主要是借助于光电、电涡流和磁电式传感器来实现的。根据计算方法的不同，转速测量可分为频率法和周期法两种，其基本原理是通过测量转速传感器发出信号的频率或周期来获取转速值。频率法是在规定的检测时间内，检测转速传感器所产生的脉冲信号的个数来确定转速。周期法是测量相邻两个转速脉冲信号的时间来确定转速。

本节采用的是测周期法，其基本方法是通过测量飞轮齿圈上的两个相邻齿之间所经历的时间间隔，间接地计算出瞬时平均转速。由传感器直接测得的飞轮转速为近似正弦波信号，每个正弦波对应飞轮上的一个轮齿。由此可以得到发动机的瞬时转速的计算公式：

$$n = \frac{60}{Zt} = \frac{60 f_s}{ZK} \tag{5-11}$$

式中，n——瞬时转速（r/min）；Z——飞轮的齿数；t——飞轮每个齿转过所需的时间（s）；K——一个正弦波内的采样点数；f_s——采样频率（Hz）。K 的计算累计误差最大为 2，则瞬时转速的相对误差为

$$\delta_t = \frac{nZ}{30 f_s} \tag{5-12}$$

为了提高瞬时转速的测量精度，很多学者做了大量的工作，其中包括用高频计数器制作成高精度的数字式转速测量仪、将单片机引入发动机瞬时转速测量中等，可以将这

些方法统称为硬件法,其特点是通过提高计时精度从而提高测量精度。还有一种方法就是软件法,核心是采用插值方法,对用较低采样频率采集到的原始信号进行插值处理,以提高采样频率或精确地求得过零点时刻,从而显著提高发动机瞬时转速测量精度。

本节利用硬件法进行瞬时转速的测试,瞬时转速测试电路选用 20MHz 的高频晶振作为脉冲发生器,设计了基于外触发高频时钟计数的瞬时转速信号测试电路,其基本组成与工作原理如图 5-28 所示。该测试电路主要包括信号放大整形电路、高频计数电路、存储器、微控制器电路等。

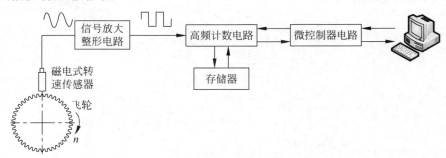

图 5-28　瞬时转速信号测试电路结构图

4. 瞬时转速信号分析方法

对于瞬时转速信号序列一般采用角域波形分析法和阶次谱分析法。

波形分析法需要观察瞬时转速信号的波动细节特征,一般截取柴油机 4 个工作循环内的瞬时转速波动曲线,观察在瞬时转速整体波动趋势曲线及其叠加的高频波动分量。通过瞬时转速的整体变化趋势,其波动周期和强度反映了电子调速系统对转速的调节能力,在多个工作循环内的波动分量则应具有明显的规律性和周期性,而且在每个工作循环内均出现与气缸数相同次数的不均匀波动,这是由于柴油机曲轴扭振激振力矩做功产生的瞬时转速波动,各波动波形依次对应柴油机各缸工作相位,其波动不均匀性反映了各缸做功能力的差异。

阶次谱分析是通过对等角度采样信号进行傅里叶变换得到其阶次谱,在阶次域内研究信号中各分量的分布特性,进而分离出信号中的不同阶次分量。因为与柴油机气缸工作状态相关的信息包含在瞬时转速信号激振力矩做功分量中,而与电调分量无关。因此,需要从原始瞬时转速信号中去除其电调分量,并分离出反映气缸动力性能的激振力矩做功分量,进而提取该分量的特征参数对柴油机故障进行诊断与定位。由于两个分量的波动频率明显不同,可以通过滤波的方法进行分离。

设柴油机曲轴飞轮齿数为 z,则柴油机每转内的信号采样点数,即采样阶次 O_s,采样间隔角 $\Delta\theta$ 之间存在如下关系:

$$O_s = z = \frac{2\pi}{\Delta\theta} \tag{5-13}$$

以 O_s 为采样阶次,L 为采样长度,采集得到的角域内瞬时转速信号表示为 $n_l(\theta)(l=0,1,\cdots,L-1)$,对其进行 L 点离散傅里叶变换,可得瞬时转速信号的阶次谱如下:

$$N_m(O) = \sum_{l=0}^{L-1} n_l(\theta) \mathrm{e}^{-j\frac{2\pi ml}{L}}, \quad m = 0, 1, \cdots, L-1 \tag{5-14}$$

式中,$N_m(O)$ 表示第 m 个阶次谱。

柴油机信号阶次谱分析中,以曲轴旋转一周为基准进行阶次计数。因此,定义曲轴旋转阶次为1,曲轴旋转阶次的 r 倍称为 r 阶。在阶次域中,瞬时转速信号电调分量为低阶趋势分量,激振力矩做功分量为高阶细节分量。在不同激振力矩作用下,瞬时转速信号激振力矩做功分量中包含不同的阶次成分。在各激振力矩中,气缸内燃烧气体压力力矩作用最强,其产生的阶次成分幅值最大,该成分即为柴油机发火阶次。若四冲程柴油机气缸数为 g,则曲轴每转内气缸发火次数为 $g/2$,即发火阶次为 $g/2$。对于四冲程柴油机而言,由于其曲轴旋转一圈完成半个工作循环,使得瞬时转速信号激振力矩中出现半次谐波分量,各次分量的阶数分别为 $O = 0.5, 1.0, 1.5, 2.0, \cdots$。柴油机各缸工作均匀时,由曲轴扭振激振力矩产生的瞬时转速波动信号阶次谱中幅值较大的阶次成分主要为发火阶次及其谐阶次/谐波阶次,称为主阶次。

5.5.3 柴油机瞬时转速信号采集与分析

1. 所用设备

序　号	名　　称	型　　号	数　　量
1	西门子工控计算机	IPC3000 SMART	1
2	8缸柴油发动机	—	1
3	瞬时转速分析仪	自研	1
4	光电传感器	GD320	1
5	夹持式油压传感器	KG7	1

2. 实验系统搭建

柴油机瞬时转速信号测试系统如图5-29所示。该系统主要包括转速传感器、外卡油压传感器、瞬时转速分析仪、工控计算机。本次实验对象为某型8缸大功率电控柴油机。为了方便确定故障缸,以柴油机左1缸高压油管上的外卡油压传感器产生的喷油压力信号作为触发信号,对转速传感器输出的瞬时转速信号实施触发采样。

该型号柴油机的实验台架如图5-30所示,其输出轴飞轮齿数为160。

转速传感器选用M16-85型磁电式转速传感器,将其正对柴油机飞轮轮齿安装于飞轮壳上,如图5-31(a)所示。喷油压力信号测试时选用KG7H型外卡油压传感器,将其安装于左1缸高压油管管路上采集该气缸喷油压力信号,如图5-31(b)所示。

瞬时转速分析仪外形如图5-32所示,其内部主要由电源电路、转速信号调理电路、电荷放大器和瞬时转速测试电路组成。外卡油压传感器输出信号首先输入电荷放大器,然后整形调理后作为时标信号输入瞬时转速测试电路,以实现瞬时转速信号的触发采集。

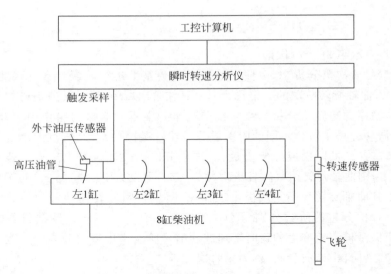

图 5-29　柴油机瞬时转速信号测试系统

图 5-30　大功率柴油机实验台架

 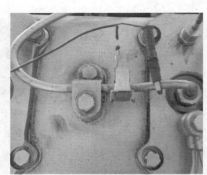

(a) 磁电式转速传感器　　　　　(b) 外卡油压传感器

图 5-31　传感器安装位置

图 5-32　瞬时转速分析仪

3. 测试步骤与结果分析

瞬时转速信号测试实验在柴油机平均转速为 1000r/min，匀速空载状态下进行。瞬时转速分析仪的数据采样长度设定为 16000 点。柴油机正常工况下的瞬时转速信号波形如图 5-33 所示。由于触发采样信号为左 1 缸喷油压力信号，所以瞬时转速信号的初始采样点处于左 1 缸压缩冲程后期，进而根据各气缸发火顺序即可确定瞬时转速波形中各波峰对应的气缸序号。已知本实验系统中柴油机飞轮齿数为 160，则柴油机每个工作循环的瞬时转速采样点为 320，根据采样点数即可确定单工作循环内的瞬时转速波形。

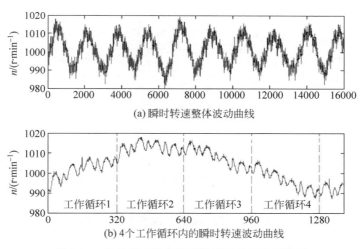

(a) 瞬时转速整体波动曲线

(b) 4 个工作循环内的瞬时转速波动曲线

图 5-33　柴油机正常工况下的瞬时转速信号波形

电控柴油机的瞬时转速在电子调速系统与曲轴扭振激振力矩的共同作用下产生周期性波动。图 5-33(a)为瞬时转速信号的整体波形，由图可见瞬时转速信号的整体波动规律表现为在平均转速 1000r/min 上下周期性均匀波动，波动范围为 980～1020r/min。这是由于电子调速系统对平均转速的调节机制产生的，反映了瞬时转速的整体变化趋势，其波动周期和强度反映了电子调速系统对转速的调节能力。为观察瞬时转速信号的波动细节特征，截取柴油机 4 个工作循环内的瞬时转速波动曲线，如图 5-33(b)所示，可见在瞬时转速整体波动趋势曲线上叠加有高频波动分量。该波动分量在多个工作循环内具有明显的规律性和周期性,而且在每个工作循环内均出现与气缸数相同的 8 次不均匀波动,这是由于柴油机曲轴扭振激振力矩做功产生的瞬时转速波动,各波动波形依次对应柴油机各缸工作相位,其波动不均匀性反映了各缸做功能力的差异。由此可知,电控柴油机的瞬时转速信号中包含电子调速系统产生的低频变化趋势分量与曲轴扭振激振力矩做功产生的高频波动细节分量,前者称为瞬时转速信号电调分量,后者称为瞬时转速信号激振力矩做功分量。

根据式(5-14)得到的瞬时转速信号阶次谱如图 5-34 所示。瞬时转速信号阶次谱中幅值较大的主要阶次成分为 0.1 阶、2.0 阶、4.0 阶、6.0 阶。0.1 阶信号为低阶趋势分量,幅值远远大于其他阶次,对应瞬时转速信号电调分量。2.0 阶、4.0 阶和 6.0 阶分别为瞬时转速信号激振力矩做功分量中的不同阶次成分,该分量中的其他阶次成分幅值较小。4.0 阶次为 8 缸柴油机的发火阶次,2.0 阶次与 6.0 阶次分别为发火阶次的 0.5 倍和 1.5 倍谐(波)阶次成分。

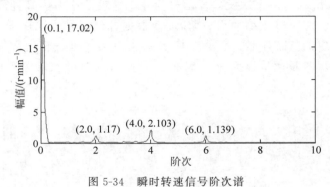

图 5-34　瞬时转速信号阶次谱

思考题

1. 构建柴油机转速信号测试系统,编写采集程序,同步采集转速与油压传感器输出信号,显示其波形。

2. 利用 MATLAB 软件进行瞬时转速信号波形分析和谱分析。

5.6　案例 5　燃油压力信号采集与分析

5.6.1　实践目的

(1) 掌握柴油发动机燃油压力信号测试原理和采集方法。

(2) 通过案例学习,学习燃油信号的时域波形分析法。

5.6.2　柴油机燃油压力信号测试原理

1．柴油机供油系统

柴油机供油系统主要由燃油泵、出油阀、高压油管和喷油器组成,它直接影响燃烧过程和柴油机的工作性能,统计资料表明柴油机的故障30％以上是发生在供油系统。通过检测柴油发动机高压柴油泵供油压力,可发现下列故障:喷油器弹簧弹性减弱、喷雾针与座不密闭、喷油孔磨损或部分阻塞、高压柴油泵出油活门不密闭、高压泵柱塞偶件严重磨损等。

供油系统工作不正常的结果是直接降低功率和热效率,功率下降后,必须增加供油量以满足功率的需要。热效率降低不但使损失的热量增加,还会引发一些重大故障,如可引起活塞过热,排气门烧蚀,润滑油结焦,水温、油温不正常升高等。喷油器的喷射能力改变或喷油器针阀运动受阻,都会影响喷油雾化质量,导致燃烧不良引发故障。这类故障刚发生时并无明显的异常现象,但随着劣化的积累,活塞环局部黏结,排气门的密封性也被破坏,进一步恶化了燃烧过程,使柴油机运转不正常。可见,检测供油系统的工作状态,对保证柴油机可靠安全的运行很重要。

在供油系统在不解体情况下,若想通过检测雾化质量,如平均油滴直径、靠近喷孔的油束锥角等,来完成供油系统故障诊断是不可能的。但获取供油系统的燃油压力波形相对容易,以燃油压力分析为基础,可以完成供油系统的状态检测,辨别其典型故障和异常喷射等。

2．燃油压力检测方法

燃油压力检测常采用供油压力传感器。检测某缸供油压力时,松开该缸高压油管接头,串接供油压力传感器,通过传感器可测量该缸供油最高压力值、油管中残余压力值和供油压力波形等。

燃油压力检测也可采用不解体的外卡式压力传感器,不需拆卸油管,只需要将外卡式压力传感器分别卡在各缸高压油管靠近喷油器处,再分别检出供油压力波形,将所测波形与标准波形比较,或各缸相互比较,便可判别某缸的供油故障。

图 5-35 中,图(a)为某发动机正常工况下的燃油压力波形,图(b)为喷油压力过高时燃油压力波形。图中,1 为喷油压力曲线,2 为供油压力曲线。与正常喷射压力波形相比,喷油压力过高时的压力波形不但出现二次喷射,三次压力峰值也较大,而且供油提前角与喷油提前角均有所减小。

喷油泵端与喷油器端的油压波形差别较大是由于在压力大幅度变化的作用下,燃油存在可压缩性,高压油管也有弹性,使高压系统形成一个弹性系统。在供油过程中,当出油阀开启时,高压油管中,喷油泵端燃油产生的压力波向喷油器端传播,如果不足以升起针阀,则压力波全部被反射,向喷油泵端传播,与该处新产生的压力波叠加起来,又被反射而向喷油器端传播。当压力传播使喷油器端燃油压力升高到大于针阀开启压力时,针阀即打开,喷油开始,此时传至喷油器端的压力波仍有部分被反射回去,形成弹性振荡。所以在整个供油过程中,由于压力波动现象存在,使实际喷油过程与柱塞的供油过程不一致。

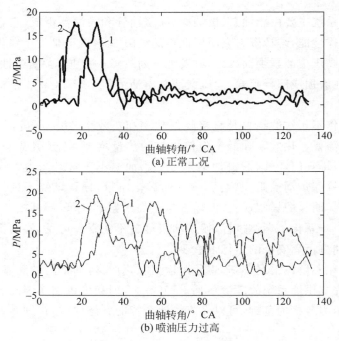

图 5-35　燃油压力波动分析

3. 基于外卡压力传感器检测机理

柴油机高压油管一般是用厚壁无缝钢管制成,可视为厚壁圆筒,在内部压力 P_1 和外部压力 P_2 的作用下,根据材料力学厚壁圆筒受力变形理论,得到油管外表面的径向位移分量 u 为

$$u = \frac{2}{E}\frac{a^2 b}{b^2 - a^2}P_1 - \left[\frac{b}{b^2 - a^2}\left(\frac{a^2 + b^2}{E} - \frac{a^2 - b^2}{E}\mu\right)\right]P_2 \qquad (5\text{-}15)$$

式中,a——油管的内径;b——油管的外径;E——油管材料弹性模量;μ——泊松比。

实际高压油管承受的内部压力为燃油压力 P_1,外部压力为大气压的力和传感器夹持力之和 P_2,因为 $P_2 \ll P_1$,故 P_2 的影响可以忽略不计,则在静态条件下,高压油管的径向膨胀变形与其内部油压呈线性关系,因此为利用外卡式压力传感器实现油压波形的测量提供了理论基础。

针对柴油机高压油管中燃油的喷射过程,忽略油道中压力波传递的影响,可得靠近喷油端某点供油压力的微分方程为

$$\frac{\mathrm{d}P_D}{\mathrm{d}t} = \frac{E_r}{6nv_D}\left[\frac{F_e}{c_y\rho_r}(2P_{vD}-P_D+P_0)-\frac{\mathrm{d}h}{\mathrm{d}t}\cdot 6n\cdot F_n-\mu s6n\sqrt{\frac{2}{\rho_r}(P_D-f_p)}\right]$$

$$(5\text{-}16)$$

式中,P_D——供油压力;t——供油时间;E_r——燃油弹性模数;μ——喷孔流量系数;n——柴油发动机转速;v_D——油嘴中空腔容积;c_y——油液中的声速;ρ_r——燃油密度;P_{vD}——前进波的压力;P_0——针阀开启压力;F_n——针阀截面积;F_e——阀腔入口截面积;f_p——气缸中燃气压力;s——出油阀座面处通道截面积;h——柱塞行程。根据式(5-16),在转速 n 一定的情况下,供油压力 P_D 与 t、v_D、P_0 和 f_p 有关,但主要取决于 P_0。

图 5-36 为教科书上柴油机某缸燃爆过程中的燃油压力信号波形。图中 a 点是高压油泵开始供油点,当油泵开始关闭进油孔时,高压泵内的燃油被压缩,当压力超过剩余压力时,燃油进入高压油管,但喷油器并未马上喷油,必须使喷油器内的压力超过针阀开启压力时,针阀才打开并开始喷油(b 点),在针阀打开过程中,由于针阀上升让开容积以及燃油开始喷入气缸,油管中燃油压力暂时下降(c 点),由于喷油泵压油的速度增加,所以油管中的油压继续上升直到最大值(d 点)。当油泵压油的速度降低时,油管内压力下降,当油压低于喷油器针阀关闭压力时,针阀关闭(e 点)。针阀关闭后,油泵继续将一部分燃油压入油管,油压有所回升(f 点),然后油泵出油阀关闭,油压下降到剩余压力。

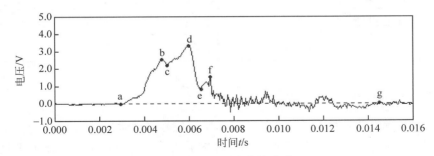

图 5-36　燃油压力信号波形

图 5-37 是采用 AVL 公司的夹持式压力传感器在左 3 缸喷油器端实测获得的燃油压力波形,图中 $P_{\max}$ 是最大燃油压力,α 是喷油提前角。比较图 5-36 与图 5-37 左 3 缸喷油前后的实测压力波动曲线与理论波形相符。

对于燃油压力信号,一般采用时域波形分析法,根据时序关系,选取三个特征参数,即最大油压 $P_{\max}$、喷油提前角 α(开始喷油点到上止点的曲轴转角),脉冲因子 I_f,其计算式为

$$I_f = \frac{\max(P_n)-\min(P_n)}{\dfrac{1}{N}\displaystyle\sum_{n=1}^{N}|P_n|}$$

$$(5\text{-}17)$$

式中,P_n——油压信号($n=1,2,\cdots,N$);N——采样点数。

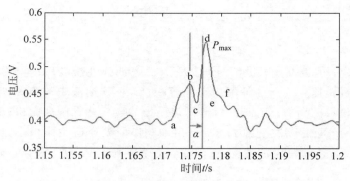

图 5-37　外卡压力传感器所测燃油压力波形

5.6.3　柴油机燃油压力信号采集与分析

1. 所用设备

序　号	名　　称	型　号	数　量
1	西门子工控计算机	IPC3000 SMART	1
2	数据采集卡	NI PCI-6233	1
3	8缸柴油发动机	—	1
4	光电传感器	GD320	1
5	夹持式油压传感器	KG7	1

2. 实验系统搭建

图 5-38 为燃油压力信号采集系统。喷油压力信号测试时选用 KG7H 型夹持式油压传感器,将其安装于与 5.5 节实验相同的 8 缸柴油机左 1 缸高压油管管路上采集该气缸喷油压力信号(图 5-39)。光电传感器安装在发动机的输出轴旁,在输出轴上贴一张白纸用于反射光电传感器发出的光信号(图 5-40)。调理装置主要由稳压电源、电荷放大器等组成,对油压信号、上止点信号进行放大调理后输出至 A/D 数据采集卡。

3. 测试步骤及结果分析

测试工作在 8 缸柴油机试验台上进行,采集左 1 缸油压信号和上止点信号。上止点信号通过贴在曲轴上的反光纸和光电传感器进行采集,信号采集主要设备为 PCI-6233 型数据采集卡,采样率设置为 12.5kS/s。

在平均转速保持 1000r/min,柴油机正常工作的工况下采集到的左 1 缸油压信号及其压缩行程上止点信号如图 5-41 所示。

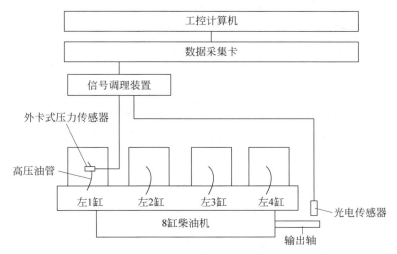

图 5-38 柴油机燃油压力信号采集系统

图 5-39 夹持式传感器安装位置

图 5-40 光电传感器安装位置

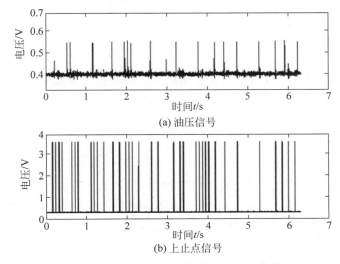

(a) 油压信号

(b) 上止点信号

图 5-41 左 1 缸油压信号与上止点信号

图 5-42 为两信号对应关系的细节放大图。从图中可知,上止点信号的上升沿对应于燃油压力最大值出现的时刻。

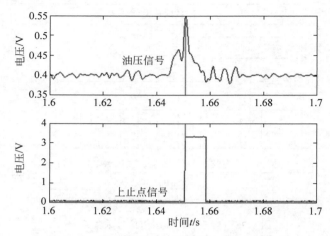

图 5-42　油压信号与上止点信号对应关系细节

思考题

1. 独立构建柴油机燃油压力信号测试系统,编写采集程序,同步采集上止点与油压传感器输出信号,显示其波形。

2. 依据本节所提出的 3 个燃油压力信号波形参数,利用 MATLAB 软件对所采集到的数据进行分析。

5.7　案例 6　车辆底盘总线系统信息采集

5.7.1　实践目的

(1) 掌握车辆底盘系统 CAN 总线的通信协议以及总线信息采集方法。

(2) 通过案例学习,学习 CAN 总线信息采集程序的设计方法。

5.7.2　底盘系统总线简介

车辆底盘电气系统采用了 CAN 总线技术后,发动机、综合传动、电气设备等部件之间可以实现控制信息点对点、多点、组播式通信,可以有效地减少控制线缆数目,提高系统的可靠性。以某型履带车辆底盘为例,底盘综合电子系统和驾驶员综合操控装置、发动机电控系统、综合传动电控盒、数字微压差测量仪等设备都具有 CAN 通信接口,它们均为 CAN 网络上的节点,这些节点共同构成了整车底盘的 CAN 总线通信网络。

该型履带车辆底盘系统 CAN 总线系统采用双冗余 CAN 总线结构。

1. 协议标准

总线结构采用双冗余的 CAN 总线,其物理层、数据链路层和应用层遵循 CAN2.0B 协议标准,数据传输速率为 250kb/s,总线的应用层在 SAE J1939 协议标准上进行扩充。

2. 标识符(ID)格式要求

采用扩展数据帧格式,使用 29 位 ID 标识符进行总线通信:

11 位标识符			SRR	IDE	18 位标识符			RTR
PRIORITY 3-1	R	PF 8-3			PF 2-1	PS 8-1	SA 8-1	
28-26	25-24	23-18			17-16	15-8	7-0	

PRIORITY——简写 P,3 位优先级位,可以有 8 个优先级,000 具有最高优先级;

R——保留位,目前固定为 00;

PF——8 位报文类型代码;

PS——8 位目标地址或报文类型扩展码;

SA——8 位发送报文源地址。

3. 数据帧要求

要发送的 CAN 数据信息分为短帧信息(数据长度小于等于 8 字节)和长帧信息。

当车辆工作时,在 CAN 总线上汇集了很多各部件的工作状态信息,因此,研究如何基于车辆底盘 CAN 总线提取各部件的信息,对实现车辆底盘系统状态评估和故障快速定位很关键。

5.7.3　传动系统 CAN 总线信号采集

1. 所用设备

序　号	名　称	型　号	数　量
1	便携式笔记本电脑	TY-YN800 型	1
2	智能 USB CAN 接口卡	USBCAN-2A	1
3	检测接口电缆		1

2. 实验系统搭建

所用的 CAN 总线检测设备结构如图 5-43 所示。其中包括便携式计算机、USB CAN 卡以及检测接口电缆。

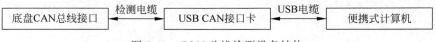

图 5-43　CAN 总线检测设备结构

3. 核心代码分析

本节的主要工作是如何通过编程控制 USB CAN 接口卡，核心问题是要将 CAN 卡生产厂商所提供 DLL 中的函数打开，程序中采用了显式调用的方法来获取相关函数的地址，核心代码如下：

```
GetProjectDir (ParameterPathName);
strcat (ParameterPathName, "\\ControlCAN.dll");              //dll 文件
m_hDLL = LoadLibrary(ParameterPathName);                    //打开动态库
//取得函数地址
VCI_OpenDevice = (LPVCI_OpenDevice)GetProcAddress(m_hDLL,"VCI_OpenDevice");
VCI_CloseDevice = (LPVCI_CloseDevice)GetProcAddress(m_hDLL,"VCI_CloseDevice");
VCI_InitCAN = (LPVCI_InitCan)GetProcAddress(m_hDLL,"VCI_InitCAN");
VCI_ReadBoardInfo = (LPVCI_ReadBoardInfo)GetProcAddress(m_hDLL,"VCI_ReadBoardInfo");
VCI_ReadErrInfo = (LPVCI_ReadErrInfo)GetProcAddress(m_hDLL,"VCI_ReadErrInfo");
VCI_ReadCanStatus = (LPVCI_ReadCanStatus)GetProcAddress(m_hDLL,"VCI_ReadCANStatus");
VCI_GetReference = (LPVCI_GetReference)GetProcAddress(m_hDLL,"VCI_GetReference");
VCI_SetReference = (LPVCI_SetReference)GetProcAddress(m_hDLL,"VCI_SetReference");
VCI_GetReceiveNum = (LPVCI_GetReceiveNum)GetProcAddress(m_hDLL,"VCI_GetReceiveNum");
            VCI_ClearBuffer = (LPVCI_ClearBuffer)GetProcAddress(m_hDLL,"VCI_
ClearBuffer");
            VCI_StartCAN = (LPVCI_StartCAN)GetProcAddress(m_hDLL,"VCI_StartCAN");
            VCI_ResetCAN = (LPVCI_ResetCAN)GetProcAddress(m_hDLL,"VCI_ResetCAN");
            VCI_Transmit = (LPVCI_Transmit)GetProcAddress(m_hDLL,"VCI_Transmit");
            VCI_Receive = (LPVCI_Receive)GetProcAddress(m_hDLL,"VCI_Receive");
    if( VCI_OpenDevice(m_devtype, m_devind, 1) == STATUS_OK )
    {
        if( VCI_InitCAN(m_devtype, m_devind, m_connect, &initconfig) == STATUS_OK)
        {
            if( VCI_StartCAN(m_devtype, m_devind, m_connect) == STATUS_OK)
            {
                readok = 1; // MessagePopup("Warn","readok = 1!");
                SetCtrlVal(panel,CDPANEL_LED,1);
                SetCtrlAttribute(panel,CDPANEL_COMMZERO,ATTR_DIMMED,1);
            }
        else
            MessagePopup("Warn","启动 CAN 失败!");
        }
    else
        MessagePopup("Warn","初始化 CAN 错误!");
        }
else
    MessagePopup("Warn","打开端口错误!");
```

```
        break;
    }
        return 0;
    }
```

4. 传动系统信息采集

利用检测电缆将计算机 CAN 口与底盘工况监测记录仪 CAN 数据输出插座相连。打开工况监测盒的开关,在检测项目中选择综合传动系统检测,然后单击"开始检测"按钮,进入综合传动系统的检测,如图 5-44 所示。

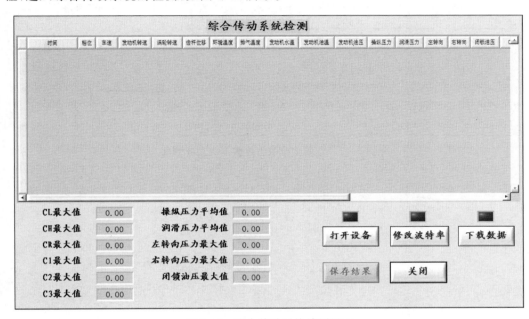

图 5-44　综合传动系统检测界面

单击"打开设备"按钮,打开 CAN 设备,指示灯为绿色。单击"修改波特率"按钮,将底盘上的 CAN 网络的传输波特率转化为传输文件时的高速状态,修改成功后指示灯显示为绿色,否则将弹出相应的提示窗口。

若上述步骤操作成功,单击"下载数据"按钮,自动下载工况监控盒内的数据到界面上,数据将以监测时间为顺序依次显示在如图 5-45 所示的表格中,相应的诊断结果也会在提示框中给出。

思考题

独立编写 CAN 总线信息采集程序,完成底盘 CAN 总线上的综合传动系统的技术状态数据的采集、显示和存储。

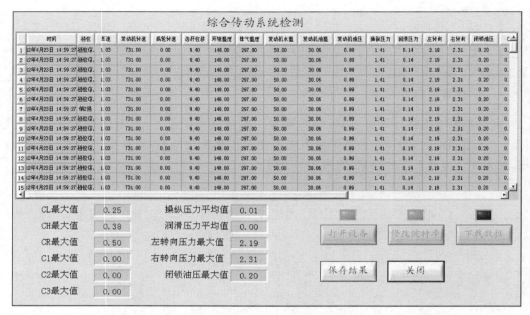

图 5-45　综合传动系统数据下载完成界面

参 考 文 献

[1] 贾民平,张洪亭.测试技术[M].2版.北京:高等教育出版社,2013.

[2] 靳秀文,汪伟,栾军英,等.火炮动态测试技术[M].北京:国防工业出版社,2005.

[3] 维纳·K.英格尔,约翰·G.普罗克斯.数字信号处理(MATLAB版)[M].刘树棠,译.2版.西安:西安交通大学出版社,2009.

[4] 刘舒帆,费诺,陆辉.数字信号处理实验(MATLAB版)[M].西安:西安电子科技大学出版社,2013.

[5] 邹鲲,袁俊泉,龚享铱.MATLAB 6.x信号处理[M].北京:清华大学出版社,2002.

[6] 胡广书.数字信号处理理论、算法与实现[M].北京:清华大学出版社,2003.

[7] 聂典,李北雁,聂梦晨,等.Multisim 12仿真设计[M].北京:电子工业出版社,2014.

[8] 朱桂萍,陈建业.电力电子电路的计算机仿真[M].2版.北京:清华大学出版社,2008.

[9] 童诗白,华成英.模拟电子技术基础[M].5版.北京:高等教育出版社,2015.

[10] 李方泽,刘馥清,王正.工程振动测试与分析[M].北京:高等教育出版社,1997.

[11] 封士彩.测试技术实验教程[M].北京:北京大学出版社,2008.

[12] 王明赞,孙红春,韩明.测试技术实验教程[M].北京:机械工程出版社,2011.

[13] 王晓俊.检测技术实验教程[M].北京:清华大学出版社,2016.

[14] 黄海燕,肖建华,阎东林.汽车发动机试验学教程[M].北京:清华大学出版社,2009.

[15] 冯辅周,安钢,刘建敏.军用车辆故障诊断学[M].北京:国防工业出版社,2007.

[16] 王建新,隋美丽.LabWindows/CVI虚拟仪器高级应用[M].北京:化学工业出版社,2013.

[17] 孙晓云.基于LabWindows/CVI的虚拟仪器设计与应用[M].北京:电子工业出版社,2010.

图 书 资 源 支 持

感谢您一直以来对清华大学出版社图书的支持和爱护。为了配合本书的使用，本书提供配套的资源，有需求的读者请扫描下方的"书圈"微信公众号二维码，在图书专区下载，也可以拨打电话或发送电子邮件咨询。

如果您在使用本书的过程中遇到了什么问题，或者有相关图书出版计划，也请您发邮件告诉我们，以便我们更好地为您服务。

我们的联系方式：

地　　址：北京市海淀区双清路学研大厦 A 座 714

邮　　编：100084

电　　话：010-83470236　　010-83470237

资源下载：http://www.tup.com.cn

客服邮箱：tupjsj@vip.163.com

QQ：2301891038（请写明您的单位和姓名）

教学资源·教学样书·新书信息

人工智能科学与技术
人工智能|电子通信|自动控制

资料下载·样书申请

书圈

用微信扫一扫右边的二维码，即可关注清华大学出版社公众号。